DISCOVERY

让青少年着迷的科普书

彩图珍藏版

UFO与外星人之谜

张喜庆◎编著

吉林出版集团股份有限公司 · 全国百佳图书出版单位

图书在版编目 (CIP) 数据

UFO 与外星人之谜 / 张喜庆编著 . -- 长春：吉林出版集团股份有限公司，2013.12（2021.12 重印）
（奥妙科普系列丛书）
ISBN 978-7-5534-3911-2

Ⅰ . ① U… Ⅱ . ①张… Ⅲ . ①飞盘—青年读物②飞盘—少年读物③地外生命—青年读物④地外生命—少年读物
Ⅳ . ① V11-49 ② Q693-49
中国版本图书馆 CIP 数据核字 (2013) 第 317300 号

UFO YU WAIXINGREN ZHI MI

UFO 与外星人之谜

编　　著：张喜庆
责任编辑：孙　婷
封面设计：晴晨工作室
版式设计：晴晨工作室
出　　版：吉林出版集团股份有限公司
发　　行：吉林出版集团青少年书刊发行有限公司
地　　址：长春市福祉大路 5788 号
邮政编码：130021
电　　话：0431-81629800
印　　刷：永清县晔盛亚胶印有限公司
版　　次：2014 年 3 月第 1 版
印　　次：2021 年 12 月第 5 次印刷
开　　本：710mm × 1000mm　1/16
印　　张：12
字　　数：176 千字
书　　号：ISBN 978-7-5534-3911-2
定　　价：45.00 元

前言

Foreword

在幽静的夜晚，天空中闪烁的星星调皮地对我们眨着眼睛。我们不禁想着，遥远的天空外有什么呢？是不是有美丽的仙女与和蔼的老神仙？慢慢地，我们才知道，天空的那边没有仙女，也没有不老药，有的只是无边无际的宇宙。

宇宙不只是大海和陆地，不只是地球和月亮，它包括着所有的物质，它包罗万物，浩瀚又宽广。而我们，只是其中的一分子。

CONTENTS

目录

第一章 碟影谜踪

第二章 天外来客

CONTENTS

目录

第三章 神秘力量

第四章 交流文明

第五章 探寻之路

CONTENTS

目录

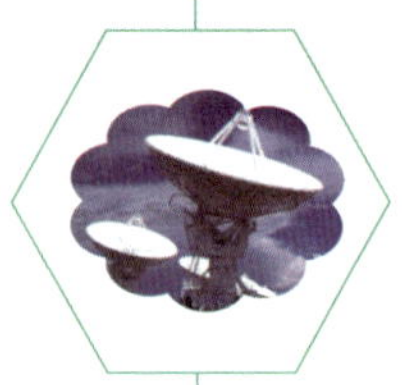

第一章
碟影谜踪

1878 年，美国一个农夫在田间劳作时，看见空中有一圆盘状的碟形飞行物。当时飞机尚未问世，这个奇特现象被报纸报道后立刻引起巨大轰动，这是人类首次报道不明飞行物事件。在此后的百年间，世界各地相继有目击者声称见到了此类碟形飞行物，于是 UFO 一词诞生 UFO 直译为“不明飞行物”，我国香港和台湾等媒体则形象地翻译为“幽浮”，赋予其神秘的色彩。

Part1 第一章

神秘的太空船

劳作了一天的伐木工人们乘着破旧的福特车颠簸在崎岖的山路上，忽然他们看见前方100米处有一个发亮的东西，悬浮在空中。

1975年11月5日傍晚，在美国亚利桑那州的一个国家林场工作的7名伐木工人正乘车行驶在返回工厂的路上，司机是老伐木工罗杰斯。众人从早上8点忙碌到傍晚，筋疲力尽，都随着老福特车的颠簸昏昏欲睡。忽然，罗杰斯猛地踩了刹车，年轻的丘比斯猝不及防，从卡车上摔了下来。

“见鬼，为何突然刹车？”丘比斯骂骂咧咧地站起，一边拍打身上的尘土，一边走向驾驶室。他忽然怔在那里，顺着罗杰斯的眼神往前看，在前方

100米处的林子里有一个巨大的碟形物发着明亮的光，飘浮在成堆的圆木上方，离地面有4~5米高，放射出橙黄色柔和的亮光。

知识小链接

亚利桑那州位于美国西南部，东边是新墨西哥州，南边是墨西哥，西边是加利福尼亚州，北面是犹他州。该州干旱少雨，是美国年均降水量最少的地区，“亚利桑那”在印第安语中是“少泉之地”的意思，该州干旱程度可见一斑。

所有工人困意一扫而光，他们屏住呼吸，紧张地盯着前方的奇怪飞行物，不敢上前。只有丘比斯壮着胆沿着山路小心翼翼地接近它。

当丘比斯离那个巨型飞碟不到20米时，那个物体忽然剧烈地抖动起来，旋转速度加快，光线变强。众人担心丘比斯，纷纷大喊：“丘比斯，别靠近它，快回来！”丘比斯立刻顺势躲进圆木后面，隔着木头的缝隙盯着这个怪物。这时，碟形物放出一束强烈的青绿色的光，照射在丘比斯身上。令人惊奇的一幕出现了：丘比斯犹如马戏团里的杂技演员，竟然飘离地面，任凭他怎么挣扎都下不来。几秒钟后，丘比斯从空中重重地摔了下来，那个碟形物瞬间飞离，转眼间消失得无影无踪。

所有目击者都惊呆了，过了好久才从恍惚中清醒过来，赶紧上前扶起丘比斯。丘比斯对刚才发生的一切一问三不知，没有任何印象。天色暗了下来，恐惧的人们立刻跳上卡车，罗杰斯手忙脚乱地发动卡车，快速驶离这片区域，落荒而逃。

Part1 第一章

中国古人与飞碟

有学者考证后认为，UFO 早在 2000 多年前就多次造访过中国，而最早记载飞碟的则是《晋阳秋》。另外《三国志》《梦溪笔谈》也提到过飞碟。

据《三国志》记载，公元 234 年秋，陕西省南部的五丈原地区的天空忽然出现一颗发射红光、能来去自由的“碟形星”。

宋朝时期的著名科学家沈括在其科学巨著《梦溪笔谈》中也记载了一件事：作者的好友樊良镇在扬州一个湖边居住，每到阴天就会在荣社湖中看到一个明亮的大珠子，十年内有许多人都亲眼目睹了这颗神奇的珠子。它有半张席子那么大，圆形的壳子里放射出银白的亮光，十里内的树林都能照射出影子，就像初升的太阳。最令人惊奇的是，它能倏然而飞，或漂浮于江面，或悬浮于湖上，从未有人能接近过它。扬州人还专门雇船驶到湖心，通宵达旦地静候巨珠现身，美其名曰“玩珠”。高邮人崔伯易还曾写了一篇《明珠赋》，描述巨珠的形状。几年后，这个神奇的珠子再也没有现身。

带光环的珠子，会快速飞行，能将方圆十里的树林照得犹如白昼，难道不正是“飞碟”吗？

从以上记载可以看出，中国古人的确和飞碟亲密接触过，这些飞行物有的发红光，有的发白光，有的发橘黄色的光；有的飞如星火，有的缓缓而升，有的则一动不动地悬浮空中；但这些飞行物无一例外都有共同特点：来去自由，能发强光。

知识小链接

沈括是我国北宋时期著名的科学家，他精通数学、物理、化学、农学、医学和天文学，还是位卓越的工程师，杰出的政治家、军事家。他著述的《梦溪笔谈》不仅是中国古代人民在自然科学领域取得的最高成就，在世界文化史上也占有重要地位。

一些学者相信古籍上记载的飞行物就是飞碟！他们的证据是古代有多人次如实地记录下了飞碟的样子，他们的描述和今天世界各地遭遇到的飞碟一模一样。只是囿于当时的知识和认知，人们还没有“飞碟”这一概念，只把它当作异象或离奇事件，并未引起史官们的注意。

反对者认为，古籍中的记载都是百口相传的传奇，更像是人们为了猎奇，满足世人的好奇心，添油加醋地讲述某个事件，有夸大虚张的成分，况且大多数史料记载简单，仅有只言片语，由此断定不足为信。

也有研究者认为，这些资料很有可能是古人对一些自然现象认识不够，出于对离奇事物的恐惧，编造出的奇闻异事，现代人研究这些古籍时，会想当然地认为这是古人遭遇 UFO 的经历。

Part1 第一章

万人目睹的飞碟

1954年9月17日是世界飞碟研究史上最重要的日子，因为在这一天，欧、非大陆相继有数万人在不同地区亲眼目睹了同一个飞碟。

最先看见这个不速之客的是意大利的罗马机场工作人员。16点45分，一个碟状飞行物从市中心轻轻滑来，飘移到钱皮诺国际机场。飞机场指挥塔早就在雷达上发现了这一物体，机场指挥部门正密切关注着这个飞行优雅、态度傲慢的访客。雷达显示它的飞行时速为260~280千米，飞行高度约1200米。

不明飞行物好像在散步一样，一会儿急速垂直上升，一会儿轻飘飘

地滑下，在空中留下一条毫无规则的航空弧线。意大利军方说，这家伙像极了半截雪茄，飞行轨迹很像雪茄烟雾。18点28分，在罗马上空盘旋1小时43分钟后，不明飞行物向西急速飞去，瞬间消失在军方雷达的屏幕上，速度之快令人咋舌。

知识小链接

在科学界，研究者将人类与UFO的接触共分为六类：1. 零类接触，即遥远的目击；2. 第一类接触，即近距离目睹；3. 第二类接触，即碰触过UFO；4. 第三类接触，即看到了高级生命体；5. 第四类接触，即通过心电感应与其他生命体沟通；6. 第五类接触，即用友好信息和地球外文明联系。

仅仅40分钟后，法国的克莱蒙费罗居民就看到了它的踪迹，目击者兴奋地描述："我发现天空中有一团紫色的云朵，隐约发现它在移动，我用高倍望远镜观察，原来是一个UFO。"与此同时，一个工程师和妻子在散步时也发现了它，据这位曾当过炮兵观测员的目击者描述，这个东西很像斜挂着的雪茄烟。为了更仔细地观察飞行物，工程师还专门跑到开阔地段，兴致勃勃地观察了6分钟，直到它倏尔消失。

晚上10点，它又出现在法国西北部的商农镇。一位名叫达维德的先生正骑着自行车赶路，忽然他感觉全身很不舒服，有种触电的感觉。达维德以为心脏病发作，立刻跳下自行车。这时车灯离奇地熄灭了，周围一片漆黑，

寂静无声。达维德环顾四周，惊讶地发现前面站着一个黑乎乎的矮家伙，它身旁还有个高1米、宽3米的形状古怪的东西。达维德先生惊恐不已，他从未见过这种怪物，立刻瘫坐在地上。黑乎乎的矮人慢慢朝他走来，将达维德扶起，并无一点恶意。达维德听到小矮人说了一些话，但他一句也听不懂。小矮人见达维德不明白，转身钻进那个样子奇怪的东西里，转瞬飞去。令人吃惊的是，那东西飞速极快，超过所有已知的飞行物，飞行时没有发出任何声音，也没有留下任何烟雾。

惊恐不已的达维德匆忙赶回家，向家人描述了这次离奇遭遇，人们无不庆幸他完好无损地回来。达维德在讲述自己遭遇的同时，显然不知道在几个小时前，罗马和法国相继有几万人目睹了这个飞行物。

第二天，不明飞行物又相继出现在非洲的卡萨布兰卡、荷兰的海牙、达纳内、法国的中部等地区。

英国UFO事件

冷战时期，英国国防部一直在秘密监测太空，人们相信当局监测太空的目的是为了应对来自苏联的威胁，但解密材料显示，事实并非如此。

20世纪70年代，是冷战高峰期，欧洲各国胆战心惊，每时每刻都在担心来自东方的威胁。英国当局也建立了许多地面基站，来监测苏联的核导弹。但根据后来解密的材料显示，英国当局建立核导弹监测基站是明修栈道暗度陈仓，表面是为了应对苏联核导弹，实则是用来寻找另一种令人不安的威胁——不明飞行物。

英国国防部解密的材料显示，20世纪70年代初期，当局相继接到数百人的报警，他们都声称亲眼目睹了飞碟造访地球。诸多UFO事件让英国国防部格外恐慌，他们不知这些不速之客是否对人类有敌意，是否会伤害地球人。国防部组织了专家组对UFO事件进行评估，以防止外

知识小链接

"蓝道申森林"事件也被称为英国的"罗斯威尔"。1947年7月6日，在距离美国罗斯威尔市西北120千米处的一个农场，发生了一次剧烈的爆炸，农场主在田野里发现了破碎的金属碎片和一些外星人尸体。军方在第一时间迅速封锁了现场，禁止一切媒体和人员进入。一些科学家相信，美国军方从飞碟坠机事件中获得了大量军事科技。

星人对英国不利。

1980 年 12 月 27 日凌晨，几个刚刚度过圣诞节的美国大兵在英国萨福克郡的空军基地值班，忽然，他们看到了一个外形怪异的金属物体在森林里飞行，空管人员立刻向上级报告了这一异象，这就是著名的“蓝道申森林”事件。

接到报告，立刻有一个神秘组织介入调查，他们警告所有目击者，不要泄露任何关于这次事件的消息，否则将以军法论处。受到恐吓的目击者们纷纷放弃了那个故事，直到现在，他们仍拒绝谈论那天凌晨发生的事情。一位上校军衔的目击者应国防部要求写了一份说明，递交给上级。最终，这次事件中的所有证物连同调查结果都被国防部列为最高机密。

进入 21 世纪，冷战早已结束，英国民众要求解密“蓝道申森林”相关文

件。国防部在查阅这些资料时，发现被列为最高机密的档案被无缘无故地毁掉一部分，残存的信息已经不能还原真实的内幕。30多年来，相信的人和怀疑者都在努力地寻找真相。英国当局提交的报告证实，国防部调查该神秘现象时，根本不相信军事基地里神秘的光束是卫星或灯塔发射的，而是一种地球外生物造访地球时留下的。怀疑者认为，UFO根本没有光临过蓝道申森林，因为当时是冷战期间，军事基地的安保可谓天衣无缝，基地还停靠着那么多昂贵的战机和其他战略性武器，一旦有不明飞行物进入，基地里所有人会立刻惊醒，投入战备状态，可是基地从未发生过这种事。

“蓝道申森林”事件至今仍是个谜，所有解密材料自相矛盾，不能形成一个统一的结论，有人甚至认为这是基地士兵们过完圣诞节后意犹未尽，为了刺激虚构的恶作剧。“蓝道申森林”事件真相到底如何，果真是UFO造访地球吗？还是英国当局的一个拙劣的骗术？至今仍扑朔迷离。

Part1 第一章

空中邂逅UFO

1947年6月24日，救火器材推销商阿诺德驾驶着自己的飞机从华盛顿出发，飞往雅其玛镇的家中，当时碧空如洗，万里无云，是难得的好天气。

刚出发不久，阿诺德收到美国空军的无线电信息，要他留意雷伊尼亚山上是否有前几日坠毁的海军运输机。接到请求后，阿诺德改变航行方向，直飞雷伊尼亚山。一个小时后他飞到了雷伊尼亚山附近，飞机在海拔2900米的空中缓缓飞行，他仔细查找失踪的海军飞机。正在此时，阿诺德忽然感觉飞机的机身反射出刺眼的光芒，令人目眩神迷。阿诺德大惊，连忙朝四周望去。在飞机的左上方，他惊讶地发现有9架飞机编队正在急速飞行，它们的速度太快，以至于他刚看到编队，它们就飞到前方雷伊尼亚山的上方。阿诺德原以为这是空军在测试新式战机，但很快他再次被眼前不可思议的一幕惊呆了：那些飞行物能做大角度的急速爬升和下降，具有很高的机动性、灵活性，当时没有一种飞行物能做得到。

阿诺德根据多年的飞行经验，断定那些庞然大物的飞行速度接近3000千

米 / 小时，这个论断再次震惊了他：以当时的航空科技，没有任何飞行物可以做到，也不会在空中任意升降和改变方向，无论从哪个角度来看，都不像是飞机。最重要的，这些飞行物高速飞行时没有一丝机器的轰鸣声，这显然超出了阿诺德的认知范围。

正在阿诺德疑惑不解时，飞行编队的最后一个飞行物快速翻越了雷伊尼亚山，只留下他的飞机还在缓慢地向前飞。阿诺德一降落，马上向朋友们说起了这次空中邂逅。他的奇妙经历经媒体报道后，立刻传遍全美，空军鉴于他寻找失踪的海军运输机，还特意颁发了一枚奖章。

虽然美国民众对阿诺德的故事十分好奇，但空军和专家们并不热心。他们分析后认为他在高度紧张时，思维产生幻觉，遇到了海市蜃楼景象。对 UFO 持否定观点的杰·阿朗海内克博士更是直言不讳，批评阿诺德的话前后矛盾，暗指他为了吸引民众注意，编造了谎话。媒体转载了杰·阿朗海内克博士的文章，民众开始怀疑阿诺德，至少怀疑他当时看到的景物是一种错觉。面对指责和不解，阿诺德也不争辩，只是表示他仅仅将看到的原原本本地说出，并非胡说八道，更没有凭空臆造，欺瞒大众。

阿诺德事件过去一个多月后，媒体不再热衷此话题，民众也懒得去探寻真相。一天，阿诺德收到一封陌生人寄来的信。来信中，陌生人表示自己也遭遇了 UFO，或许他们可以交流一下。阿诺德和这个名叫达鲁的男子相约在华盛顿见面，从达鲁口中，他知道了一件很不寻常的事：

6月21日，即阿诺德邂逅UFO的前三天，达鲁与儿子驾驶着一艘巡逻艇在美国东海岸巡航。那天云层很低，似乎要下雨的样子，这时他们发现了厚厚的云层中有6个面包圈状的物体，向着巡逻船飞过来。起初父子俩以为是气球，但这些“气球”飞行速度太快了，接近船只时，才发现它们是一群模样怪异的飞行器。其中有一架飞行器似乎出了故障，来回晃动，很不平稳，几乎要坠海了，其他5架围绕在它周围，上下翻飞，似乎很着急。达鲁还说，这些飞行器全身银白色，相信在晴朗的阳光下会反射刺眼的光芒；飞行器机身只有窗户，没有发动机的排气洞，飞行时全然无声，就像在空中自由滑翔一样。

知识小链接

为什么世界各地的目击者描述的UFO外形截然不同？科学家们推测，那些来自广袤宇宙的飞行器，可能由于各自星球科技水平的不同，设计出来的UFO尺寸、形状、用途等也不尽相同。根据几万目击者的描述，UFO大致分为碟形、雪茄形、卵形、球形、陀螺形、三角形、圆柱形等。

那只出现故障的飞行器最终还是爆炸了，散落的金属片坠入海里，海面上立刻发出“嗞嗞”声，海水蒸发，升起一团蒸汽，可以断定那些金属碎片表面温度很高。

Part1 第一章

凤凰城V形光点现象

凤凰城是美国亚利桑那州首府，是该州最大城市，也被译作菲尼克斯。1997 年发生在这里的“V 形光点”事件让这座城市闻名遐迩。

首先发现这一异常现象的是一名机场调度员，他于 3 月 13 日夜里在雷达屏幕上看到了一个斑点正在缓缓向东南方向飞去。调度员马上查询当日航班，发现这一时段并未有任何飞机起降，他立刻将消息上报，飞机场所有雷达监测到了这个不明飞行物。候机乘客们从广播中得到了消息，纷纷抬头远眺，果然在不远处发现有个 V 形亮点正从西北向东南飞来。那些光点巨亮无比，高高地飘浮在 1000 多米高的天空，目测这个由十几个光点组成的 V 形飞行器至少宽 150 米。当它滑过凤凰城时，有上万人亲眼目睹了这个奇观，但无一人能准确地说出这是什么东西。

机场方面马上联系空军，咨询是否有新式飞行器正在测试。军方十分肯

定地回答，没有出动任何飞机。一些经验丰富的飞行员断定，如此巨大的飞行物一定是金属制作，有功率较大的发动机，可此物却静悄悄的，没有一点声音。最令人困惑的是为什么会有这么多明亮的光点，如此大的飞行器设计这么多亮点的目的是什么？

知识小链接

2013年3月18日，中央电视台科教频道《探索发现》栏目播放了美国ABC新闻台的纪录片，《解密V形光点》。节目组采访了该事件的经历者，包括物理学家、飞行员、机场调度员、雷达观测人员等，所有人都不能解释凤凰城V形光点现象，这一谜团至今仍然困扰着科学界。

赛明顿是亚利桑那州前州长，也是当时目击者之一，他在事发当晚一口否认是UFO，而十几年后，这位脱离政坛的要人首次公开当年的苦衷，他说：“作为一个公众人物，我必须对自己的一言一行负责，必须考虑民众的承受力和潜在的动乱。”赛明顿承认，当时他也不确信这是否为UFO，只是为了平息民众的恐慌，矢口否认那是UFO。赛明顿坚信凤凰城光点现象和外星人有关：“那些亮光真是太迷人了，非常明亮，琥珀色的白光非普通电灯所能达到，你会感觉它非比寻常，超凡脱俗，直觉告诉你，这不是人类的杰作。”事后的调查结果显示，V形光点飞行器可以排除一切人为因素，百分百地确信不是人类活动。

2008年4月21日，神秘光点再次光临凤凰城，若干不明飞行物先后组合成多种图形，以多种姿态飞过这座城市。美国军方在第一时间宣称，他们当晚没有任何军事训练，也没有测试任何飞行器，神秘亮光和军方无关，他们也在调查事情真相，与此同时，州府国民警卫队也做了上述表态，否认与神秘亮光有关。

虽然不明飞行物两次光临凤凰城，但人们依然像10年前一样困惑不解，不能为光点谜团找到合理的解释。

Part1 第一章

莫斯科上空的魅影

UFO不仅对美国情有独钟，对美国的冷战老对手苏联也颇有兴趣。20世纪80年代，UFO频频现身莫斯科上空，多人目睹了它们的神奇。

1981年4月的一个凌晨，有4架发光飞碟排成一队，飞过一幢政府公寓大楼。大楼里居住着苏联高级工程师、国防部医生和官员，他们中多人亲眼目睹了这4架飞碟。据几位目击证人讲，不明飞行物有透明的塔形驾驶舱，和坦克炮塔很相似，里面坐着4个人形驾驶员，和人类飞行员一样，也带着太空头盔。所有飞碟都放射出耀眼的绿色强光，悄然无声地飞过天际。

苏联相关部门摘录了部分证人的口述，仅作为研究使用，并未公开UFO事件。4个月后，太空学家斯尼教授在夜里偶然发现了一个飞碟，它的飞行速度可达80千米/秒，超过世界上所有飞行器。正当斯尼教授惊讶于他的发现时，第二架飞碟也从天空飞过，形状像头巨鲸，发射出蓝色的光芒，在城市的上空盘旋了好久。同时，离斯尼教授十几千米外的波加特列夫也看见了UFO。波加特列夫是位退休医生，当时他正躺在床上看报，忽然见窗户外面

30米高的空中悬浮着一个奇怪的发光体。他盯着这个发光物，试图看清楚到底是什么东西。发光体似乎发现了有人在盯着它，立刻发射出一道强光，将医生家的窗户烧出一个直径8厘米的洞。医生大惊，抬头再看悬浮物时，那个发光体不知什么时候已消失得无影无踪。

知识小链接

世界各地经常有关于UFO的报道，这些飞碟无一例外都犹抱琵琶半遮面，像小姑娘似的十分害羞，它们似乎刻意避免与人类接触，科学界尚无法解释这点。但人类不必过分担心，就算真有UFO，它们对人类也没有恶意，因为它们的科技水平足以毁灭地球。

波加特列夫不知道，那天夜里莫斯科市至少有60家的窗户都被一种神奇的力量击穿，烧出3~8厘米的圆洞，只不过他是唯一亲眼见证玻璃被射熔的目击者。人们在惊讶这些神奇的发光体时，也暗暗庆幸它们对人类没有敌意，没有用它们威力强大的发光武器对人发动攻击，否则后果不堪设想。

莫斯科遭遇UFO事件引起了苏联太空部门的注意，物理学家艾沙沙博士带领一批专业人员来到事件现场，拿走了相关证据，询问了一些证人。有人说，他见到的两个飞碟样子很像雪茄状；有人说，他看见的飞碟犹如半月的白色发光圈。艾沙沙博士认真研究了那些被射穿的玻璃洞，发现玻璃分子结构发生变化，科学家们实在想不出是什么力量能让玻璃分子结构在瞬间完全改变，也无法解释这种现象。

莫斯科最著名的、目击者最多的一次UFO事件发生在1980年6月15日夜，当时，有一架巨型飞碟悬浮在莫斯科上空，停留40多分钟。一个UFO爱好者刚好拍下了巨型飞碟的照片，齐高博士研究后认为，这个飞行物直径在90米以上，后面拖拽着一条长长的光影，延绵几千米。无数的目击者惊讶

地发现，这是一艘“飞行母船”，它的肚子里装着无数个小型的“子船”。一位名叫卡雅坚的中校详细记下来这次见闻，他说：“从窗户向外看，发现离地 30 米高的空中，有一架小型飞碟缓慢飞行，飞碟直径约 4 米，隐约可见里面坐着一位矮个子的飞行员。我本想上前看个仔细，但感觉面前仿佛是一堵无形的墙壁，强烈的气流冲击着我，被弹了回来。”卡雅坚从未见过此类怪事，心下骇然，只有远观飞碟缓缓飞走。

当这架巨型“飞行母船”悬浮在莫斯科上空时，苏联空军紧急出动了两架米格 -29 喷气式战机，对不明飞行物进行拦截。但战斗机的速度远不及飞碟，很快被“飞行母船”甩开，瞬间消失得无影无踪，战斗机雷达再也没有任何飞船信息。

一年以后，貌似“飞行母船”的巨型飞碟重返莫斯科。它首先出现在莫斯科以南 160 千米的图拉镇，3 分钟后，它飞临莫斯科上空。短短 3 分钟飞行 160 千米，可见它速度之快。据目击者介绍，飞碟中央射出一道白色强光，光点飞快地射向陆地。巨型飞碟释放了三架小飞船后悄然飞走，第一架小飞船飞向克里姆林宫，第二架飞向莫斯科中央火车站，并在火车站上空悬浮停留了 2 个小时，后飞到车站附近的一个湖面上，几秒钟后沉入湖底。没人知道第二架飞船沉入湖底后发生了什么，第三架飞船与那架飞碟去了哪里。

Part1 第一章

贵州“空中怪车”之谜

很多人坚信轰动一时的贵州“空中怪车”事件是UFO造成的，也有人认为这是自然现象，而专家通过研究后未能给出一个圆满的解释。

在1994年12月1日凌晨3点左右，贵阳市以北18千米的都溪林场的职工和居民们还沉浸在梦乡，忽然，他们被一阵轰隆隆的巨响惊醒。惊慌的人们不知发生了什么事，立刻透过窗户向外看，只见树林间刮过一阵狂风，一个发着绿色和红色强光的飞行物呼啸而过，留下一片倒伏的树林。

林场职工们穿衣起床，拿着手电筒走出宿舍，眼前的一幕让他们惊呆了：林场马家塘林区方圆400多亩的松树林被拦腰截断，在一条宽150米、长3000米的带状林区，除了部分1.5~4米的小树幸免外，其他的大树全被拦腰斩断，有的断树间又有许多松树安然无恙，有的被连根拔起，有的只擦伤一些树皮，但所有这些树木的树冠都向西倾倒，显然是被刚才那一阵狂风的劲道吹翻的。

那些被折断的松树直径为20~30厘米，高度超过20米。林场工人们一边查看树木受损情况，一边向上级报告。

与此同时，离林场约5千米的贵州省铁路局车辆厂也遭受不同程度的破坏，车辆厂房的玻璃钢瓦被强风吸走，砖砌的围墙被吹翻，最令人惊骇的是，地磅房直径 15 厘米的钢管被瞬间截断或压弯，这绝不是风力能吹断或吹弯的。

第二天，贵州省组织了科研工作者来到都溪林场，利用现代化的卫星定位仪和各种仪器对被毁林场和遭破坏的厂房进行监测，重点监测了伽马射线、时频等物理参数。

航天专家欧阳自远凭多年的经验认为，这次事件的“罪魁祸首”无非是“陆龙卷”或“下击暴流”等自然现象。专家的判断和贵州省的气象条件相吻合，该地区的确容易产生“陆龙卷”。但现场勘察的技术人员并不认同专家的观点，他说，现场的落叶并没有被吹动的迹象，“陆龙卷”产生的辐射风吹到地面后，树枝和散落的树叶应该是向四周扩散，而现场并没有这种情况。最重要的，部分受伤的松树，树皮有明显的抓痕，这绝非风力所为，另外，该地区地磁出现异常，附近植物生长变得极为困难，手表指针忽快忽慢，这些都不是气流力学所能解释的。

当夜目睹林区被毁坏的林场职工和居民们普遍相信，这是一起 UFO 事件；现场勘察结果也不是人类现阶段的物理知识所能解释的。物理学家高登义解释说：“种种迹象表明，都溪林场事件是‘滚地雷’造成的。陆地龙卷风里往往带电荷，若雷电打在地面上，就是人们平常所说的‘滚地雷’，只不过都溪林场的‘滚地雷’能量格外大，破坏力极强而已。贵州‘空中怪车’虽然存在诸多争议，但完全是一种自然现象。”

许多 UFO 爱好者并不认同专家的观点，他们坚信这是 UFO 造访地球。甚至有人认为，这是一艘受伤的飞碟，它在坠落的过程中依然努力避开地球生物，否则也不会出现车辆厂被卷起的厂区保安在移动几十米落下后，没有任何损伤，地面人畜也没有任何伤亡。

Part1 第一章

UFO空中华尔兹

1952 年 7 月，美国泛美航空公司的一架 DC-4 型飞机从纽约飞往佛罗里达州首府迈阿密，在飞行过程中，班机遭遇了 UFO。

DC-4 飞机在接近弗吉尼亚柴瑟匹克海湾时，巡航高度为 2400 米，当时天空格外晴朗，万里无云，碧空如洗，航班代理机长是老飞行员威廉·纳什，副驾驶员是具有 8 年飞龄的威廉·福坦贝利。10 时 45 分，纳什忽然注意到纽斯新港东面的上空有一个快速移动的光点，几秒钟后，光点变成 6 个，正排列整齐地向航班飞机飞来。

纳什马上提醒副驾驶员福坦贝利，问他是否也注意到了那些亮点。在得到副驾驶员肯定的回答后，纳什意识到这不是幻觉，也不是光影现象，他们的飞机很可能遇到了飞碟。

纳什非常担心那些光点撞向班机，他的担心是多余的，这些亮点从班机的下面疾驰而过，没有一丝声音，仿佛是飞翔的大鸟。在飞碟飞过机腹的一刹那，纳什和福坦贝利留意了那些光点，它们的边缘向上翘起，闪光的一面向右，飞碟厚度约 4.6 米，从上向下看，飞碟顶部似乎是平的，它们更像一枚枚银白色的硬币。6 个光点一会儿排成梯队形，一会儿排成 V 形。当它们接近飞机时，为躲避与客机相撞，它们不用经过转弯，立刻转为水平方向飞行，速度惊人地快。

6个飞行物飞行高度相同，它们在空中飞行时格外轻松，动作优雅，就像在跳华尔兹；边缘的亮光一会儿熄灭，一会儿又亮起，最终它们朝着纽斯新港驶去，几秒钟后驶离飞行员的视野。

知识小链接

人类关于外星人的图画记载最早可追溯到4万年前，在一些原始人的壁画中就有外星人和飞碟的图像。公元前1450年，古埃及有文献记载："那些东西从空中的火圈里走下来，口里呼出臭烘烘的气体，法老的军队和法老都在看。"这个记录很有意思，因为那"臭烘烘的气体"正是许多目击者声称的气味，一种硫黄燃烧后令人恶心的气体。

纳什舒了口气，缓解了下紧张的气氛。同样见证这6个不明飞行物的还有航班的乘客们，他们在飞行物消失后兴奋不已，热切地讨论着。航空机械师福坦贝利更是惊讶不已，他对飞行物不可思议的飞行技巧惊讶不已，它们快速飞行时能像子弹碰到墙壁后反弹回来，以90° 甚至180° 的折返角拐弯。它们是怎么做到的？

1959年2月，美国俄亥俄州和宾夕法尼亚州的6架不同班次的民航客机在同一天遇到了3个不明飞行物，其中有一架UFO飞碟曾两次离开飞行编队，靠近飞行中的民航飞机。据这架飞机的机长彼得·基里安回忆，当他看到UFO向飞机飞来时，他马上掉头返航。可那个飞行物却悬浮在飞机正上方，飞机保持一定距离。基里安虽然很惊讶，但意识到飞行物只是在观察飞机，并无恶意，恐惧之心稍稍减退，专心驾驶飞机，并没有改变航向。飞行物停留几十秒钟后，迅速升高，又回到原来飞行编队。基里安回忆道："那些圆形飞船的块头和波音飞机的大小一样，外壳闪着白光。能快速加速，直上直下，甚至悬浮在一个地方一动不动。当时天空晴朗，我向上帝发誓，它的确是飞碟。"

Part1 第一章

索科洛UFO事件

DISCOVER

汽车身上有明显的标记，暗含了它的品牌和型号；航空公司的飞机也有明显的标记，标明它属于哪家航空公司，可有人在UFO上也看到了标志。

1964年4月24日傍晚，美国新墨西哥州的85号公路上，警察罗尼·萨莫拉驾驶着一辆福特警车，他正在追赶一辆超速汽车。当罗尼追到索科洛镇的尽头时，眼看离超速汽车只有几百米距离，突然，他听到一声巨响，紧接着在西南方向的上空出现大火。罗尼联想到附近800米处有一个矿山炸药库，第一感觉认为那里发生了爆炸！罗尼放弃追踪超速汽车，驾驶警车向发生爆炸的地方驶去。如果他意识到，这个决定将影响他以后的人生境遇的话，他肯定不会赶往事发地的。

罗尼的车驶入了一片坑洼不平的碎石地，他一面减速行驶，一面回忆刚才看到的火焰。日后记者采访时，罗尼回答道："那些火焰偏蓝色，中间有一点橙色，火焰很旺很大，但感觉不像普通火焰一样会随着风吹跳动。"记者们无不惊叹于罗尼的记忆力，他措辞严谨，描述准确，不愧为一名优秀的警察。

罗尼奋力爬到山顶，环顾四周，没有发现任何值得一提的事。正当他寻找炸药仓库时，注意到前面有个发光的物体，离他的车只有150米。罗尼把车停下来，首先想到了那是一辆翻倒的汽车，这里也许发生了交通事故，也许是哪个年轻人把汽车丢弃在这里。令人惊讶的一幕出现了，有两个穿着灰白色连身工作服的“矮人”从发光物体里钻出，站在发光物旁边。罗尼目不转睛地盯着这两个奇怪的人，这时一名矮人回头看了一下，不经意间发现了罗尼和他的警车，吃惊地呼喊着，简直要跳了起来。罗尼一边驶向“伤员”，一边用无线电和当地派出所警长联系，通报这里发生车祸，请求支援。

知识小链接

种种迹象表明，UFO 有以下特点：飞行速度极快，能以 90° 和 180° 高速折返；会悬浮，能直上直下飞行；飞行时没有声音，能发射出耀眼的强光。总之，驾驶飞行器的是一群具有高等智慧的外星生物，它们具备人类遥不可及的科技和智能。鉴于此，美国空军内部规定：战斗机遇到 UFO 时，绝不要贸然开火，以免引起外星人的报复。

那两个矮人钻进蛋形飞行器，飞行器下冒起橙黄色的火焰，缓缓升空，伴随着巨大的轰鸣声，但又和普通发动机声音不一样。罗尼惊恐，用无线电呼叫警长，但不幸的是，紧张的罗尼将对讲机线拉扯断，他只得伏在附近的小丘，望着眼前的一幕。只见那个蛋形飞行器是全金属结构，表面很光滑，似乎没有接缝，没有窗户也没有舱门，但在侧面有个特殊的标志，画着一条横线，上面有向上的箭头，指向开口向下的弧线。标志尺寸高 53~60 厘米，宽 53 厘米。十几秒钟后，巨大的响声停止了，那个蛋形金属物离去，周围被可怕的寂静笼罩着，只有山坡呼呼的风声。

警长查韦斯一个小时后带着几个人赶来了，罗尼向同事们讲述了刚才的遭遇，众位警察无不骇然。他们马上用无线电向上级报告，很快美国空军和 FBI 的专家带着各类专业仪器相继赶来，对现场进行研究，试图发现一些有价值的信息。

索科洛小镇出现 UFO 的消息一经披露，立刻变得热闹起来，媒体上充斥着关于 UFO 的专题节目，反复播放着事发现场的影像资料。事件的第一当事人罗尼·萨莫拉自然成了媒体争相采访的对象，他不堪其扰，不愿与媒体和电影公司合作，被许多人质问和责难，最终，可怜的罗尼由一个正常人变成了神经质。

Part1 第一章

百万人见证UFO

世界各地关于遭遇UFO的报告超过十万例，见证者大多是单个人或几个人。而1981年发生在我国的UFO事件，目击证人超过百万人。

1981年7月24日，我国发生了世界史上目击范围最广的一次UFO事件。当天夜里10点30分，一个光点闪耀着白色的光芒，像一颗星星出现在天际。几分钟后，它开始缓慢旋转，旋转的同时，中心部位发射出一束尾光，光束配合着旋转缓缓伸展出来，最终呈现出一个精致的螺旋体结构的飞行物。

这个巨大的螺旋体飞行物更像是一盘蚊香，直径是满月的20倍，非常庞大和明亮，十分壮观。飞行物从东向西飞行，一个小时内穿越了湖北、河南、山西、陕西、甘肃和西藏，全国各地共收到了70多份报告。11点30分，飞行物最终飘向西方，飞越喜马拉雅山脉后不知所终。

四川省西昌市有300多人当晚在看露天电影，观众们被精彩的电影吸引，不知谁惊喊了一声：“快看天上，那是什么？”众人自然地抬头观看，只见一个巨大的蚊香状的白色光团正缓缓从头顶掠过，高度不可测，但显然在淡

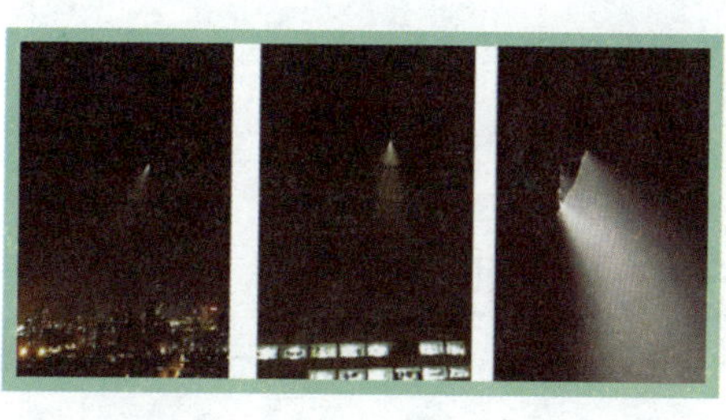

淡的云层之上。观众们忘记了看电影，目瞪口呆地仰望着夜空，不知道这是什么东西。最年长的老者声称，他活了90多岁，也从未见过此物。一两分钟后，不明光团快速飘向西方，再也看不到，众人骚动起来，热切地讨论着刚才看到的异象。

知识小链接

科学界在对待UFO问题上形成了四种截然不同的观点：第一种认为UFO是人造空间飞行器；第二种认为是特殊气象条件下产生的视觉幻想；第三种观点认为UFO就是自然现象，只是现有科技尚未能解释；第四种观点认为UFO就是外星生物的宇宙飞船，早在几万年前就有外星人造访地球，至今从未中断过。

南京紫金山天文台当晚也观察到了不明飞行物，他们借助现代观测仪器观察到这个巨大的光团直径约为50千米，飞行高度300千米，在外太空中飞行。王思潮教授是天文台科学家，也是百万见证者中的一员，他说："我们天文台收到全国各地很多报告，还有一些热心目击者寄来了图画，虽然不同地区在不同时间看到的图像不一样，但可以确认的是，那个神秘光团在飞行过程中一直在旋转，在变幻。"

四川的吴宏志曾于当天夜里拍摄了一张光团照片，但可惜的是，由于80年代摄影器材落后，曝光不充分，只显示了光团的轮廓，而它美丽的螺旋结构却没有表现出来，不过这张照片仍被刊登在《UFO探索》杂志上，各地读者均表示，这和他们那晚看到的飞行物完全一样。

Part1 第一章

第三类接触

“那里坐着四个人，我试着向他们招手，表示友好，他们也向我招手！”这是布斯吉尔神父写下的关于遭遇飞碟的记录。

威廉·布斯吉尔神父是波亚纳全圣者传道部长。1957年6月27日，在巴普岛东端，面向古特伊纳福海湾的一个小村庄，晚上6点左右，太阳正在下山，但天空依然明亮如昼。亚妮罗利波娃是名黑人护士，她在传道本部院子的上空发现悬浮着一架巨大的碟形飞行物，离地面约150米，波娃立刻叫布斯吉尔神父过来看。神父闻讯从他的办公室走出，德文老师亚纳尼斯也从附近赶来，他们都看到了一架大型的UFO，它的附近还有2个小型的UFO。飞碟似乎是由金属制成，外壳平滑光洁，制造工艺十分精致。飞碟的上半部还有个很大的甲板，围绕在甲板上方的是透明的舷窗。透过明亮的窗户，神父和亚纳尼斯惊奇地发现UFO的顶端有四个人，飞碟悬浮空中，静止不动，地上的人们可以清楚地看见他们的动静。

飞碟里的人扶着栏杆向下望，布斯吉尔神父不由自主地向这些访客挥挥手，没想到飞碟里的人也向他招招手。亚纳尼斯老师十分兴奋，打消了原有的恐惧，努力朝飞碟挥舞着双手。结果，另外两个人也做了相同的动作，朝下面的人们招手。亚纳尼斯和神父一起挥手，它们4个也一起招手。几分钟后，巨型飞碟上的灯亮了两次，三架飞碟一起消失了。

知识小链接

有科学家猜测，UFO的飞行原理可能采用了“空间折叠”穿越飞行。遥远的太空距离犹如一张纸的两端，将宇宙空间折叠后，原本相距很远的两点会重叠在一起，或距离非常近。UFO正是靠着人类无法理解的科技，以超过光速的飞行速度来去自由地穿梭于宇宙空间。

深夜11点左右，全村进入静静的睡眠状态，劳累了一天的神父因为做礼拜和飞碟事件搞得疲惫不堪，躺在床上很快入睡。这时，外面“砰”的一声巨响，似乎发生了强烈的爆炸，神父立刻惊醒，难道是白天看到的UFO着陆了？于是他立刻跑到外面查看情况。院子里和附近的田野里没有任何异常现象，所有人都跑出来查看巨响是怎么回事，可就是找不到巨响来源，也未发现任何爆炸痕迹。

当巴普岛遭遇UFO，并和外星人发生第三类接触传到德国时，欧洲媒体以一贯的偏见和傲慢报道了此事，言语中根本不相信此次UFO事件，反而认为非洲巴普人没有受过良好教育，对一些无法解释的自然现象充满迷信，他们的话不值得相信。但神父是德国人，亚纳尼斯和波娃虽然是黑人，可他们都受过良好的教育，也是诚实的人，他们的话并非胡编乱造，所以目睹飞碟一事，并非幻觉，而是千真万确的事实。

Part1 第一章

伐木工人被劫记

人类被外星人劫持到UFO上的经历，也被称作第四类接触。在过去的半个世纪，世界各地有数千起外星人劫持地球人的事件。

1975年11月5日，美国伐木工人特拉维斯·沃顿结束了一天的工作，和另外5名工人结伴回家。他们跳上一辆卡车，一路上相互开着低俗的玩笑，随着颠簸的卡车返回小镇。

在离小镇还有16千米的路上，奇怪的事情发生了。沃顿后来回忆说，他们看见前方100多米的地方有个快速旋转的飞碟悬浮在道路旁边的树林上空，飞碟的下面发出耀眼的橘红色光芒，悄然无声。司机把车停在路边，伐木工人们盯着那个飞行物，不敢贸然行事，只有沃顿从卡车上跳了下来，大摇大摆地走进那个发光物。沃顿后来回忆道："我起初只是想炫耀一下自己的胆量，我觉得这东西像胆小的麻雀，会在我靠近时飞走。当我接近它时，它并没有移动，我开始害怕，刚要转身往回跑时，被一种灼热的光束击中，然后就不省人事。"

沃顿的同事们受惊，驾车远离此地。几分钟后，他们壮着胆重回事发地，那个发光物已不知所终，倒霉的沃顿也没了踪影，他们开始在树林附近呼喊他的名字，可是直到天黑也没有找到他。

回到镇上，伐木工人马上报警，讲述他们的遭遇和沃顿的遇难。第二天，镇长组织了几百人在出事的树林进行地毯式的搜索。半天的搜寻是徒劳的，人们没有发现沃顿。小镇警长格里斯派甚至怀疑是5名伐木工人和卡车司机合伙谋杀了沃顿，他们自导自演了这起谋杀案。

小镇的人们也开始怀疑伐木小组，要求他们做测谎测试。他们中5人通过了谎言测试，只有第六人做了几次都无法通过，测谎测试结果无效。

知识小链接

二战结束后，盟军在德国柏林一个实验室找到了纳粹飞碟设计图。设计者给飞碟安装了12台大功率喷气式发动机，飞碟启动时，能瞬间将周围的空气吸成真空，飞碟即可在真空环境中随意活动，并以此达到超音速。这种设计只能解释飞碟飞行时没有声音的现象，却不能投入实际应用。

沃顿后来回忆说，他失踪后的第五天苏醒过来，发现身处几英里（1英里≈1.609千米）外的草地，他挣扎着站起，走过一条乡间小道，来到公路电话亭，给家里拨通了电话。家里人很快开车赶来，将沃顿接走。

沃顿说："我一辈子都无法忘记那次可怕的经历，他们长得矮小，外貌很像人类，有两条腿和两只胳膊，大大的、鼓鼓的黑眼睛和脑袋不成比例，没有瞳孔，没有眉毛，皮肤是银灰色，仿佛穿着柔软的金属衣服。我知道他

们虽然和人类相仿，但绝不是人类。他们围绕在我身旁，面无表情地紧盯着我，冷漠的眼神让人不寒而栗。”

“它们把我带入一个圆顶房间，房间顶部是透明的，仰望可以看见璀璨的夜空，我仿佛置身太空。一个人带我进入另一个房间，那里有几个同样的人形怪物。一想到我身处离地球几万英里的外太空，我害怕极了。”

30多年来，伐木工人们的笔录口供和当初向镇长报告时一模一样，其间曾有美国神秘部门让这几位当事人改口或否认UFO事件，也有媒体试图付钱让他们更改口供，但他们的叙述一直如此。

警长格力斯派十分确信几个工人没有说谎，他们的确遭遇过UFO，但他同样相信，沃顿并没有被劫持，只是过度恐慌时产生了幻想，是逼真的错觉让他相信被外星人劫持。

怀疑沃顿离奇遭遇的还有诺贝尔物理学奖得主雷德曼，他认为这一切不过是沃顿为了吸引媒体注意，赚取公众眼球而编造的谎言罢了。麻省理工学院的普理查德教授认真研究了沃顿的经历，他谨慎地表态道：“在没有更多证据支持下，我不相信此类劫持事件真的发生过。”言外之意，还得经过科学的研究才能断定事件真伪。

沃顿已从朝气蓬勃的青年变成老态龙钟的老人，每次接受媒体采访，都坚称他的经历是真实的，他从未对媒体和世界撒谎，但他同时声称，没有人能提供任何证据，证明他的确遭遇过UFO劫持。

Part1 第一章

被UFO劫持的演员

DISCOVER

埃利奥特是一位舞台演员，他的未婚妻黛比拉是一位女演员，两人住在纽约。1984年8月23日，他们驾车返回纽约途中被不明飞行物劫持。

晚上11点，埃利奥特和女友黛比拉刚刚结束了在格罗辛格度假酒店的演出，驾车返回纽约。通常返回纽约需要2个小时，他们预计凌晨1点会到达纽约的家中。但那天晚上有点异常，埃利奥特不经意间抬头看见了车前方有些绿色的光线在不停地闪烁，他马上指给黛比拉看。他们停下车，那些光也停止移动，不再闪烁。正当他们诧异时，发现那个发光物向他们靠近，越来越近，最终飞到汽车上方四五米处，忽然停止。黛比拉后来回忆说："那个东西忽然发出一束强光，我就失去了意识。"等黛比拉意识恢复过来，发现汽车后门敞开着，男友裸露着的两条腿很不雅观地伸出汽车外，而那个飞行物不知什么时候早飞走了。

埃利奥特后来回忆说："我从车里钻出，拉上裤子，对刚才发生的事情一无所知，也不知道裤子怎么会掉下来，两条腿怎么会伸在车外。"两人对这莫名其妙的一幕不知所措，匆忙赶回家中，时间比平时迟了1.5个小时。显然，二人失去意识时间长达80分钟。

第二天醒来，埃利奥特感觉腹股沟之间有种难言的疼痛，自然联想到前一天晚上的遭遇，夫妇二人确信他们被外星人劫持，并删除了那段时间的记忆。

1997 年 2 月，埃利奥特在阅读《消失的时间》时，结识了该书的作者，著名的 UFO 研究专家巴德·霍普金斯。巴德·霍普金斯早在 70 年代就开始研究人类被外星人劫持事件，调查过 600 个案例。他听说埃利奥特夫妇的遭遇后，建议他们通过催眠恢复那段消失的记忆，再现那 80 分钟时间里发生了什么。

知识小链接

科学家通过研究相信，外星人有着和人类一样的头、颈、躯干和四肢四大部分，但头和身体的比例较大，大脑比人类更加复杂，进化更先进。外星人的躯干、四肢已严重退化，许多生理器官也已消失或退化，但它们均具有比地球人高级很多的“特异功能”或超能力。想想也是，若不掌握高科技，怎么能穿越浩瀚的宇宙来到地球。

催眠中，埃利奥特向巴德讲述了当时的情境：我本该在轿车里，怎么会出现在陌生的地方？站在我右边的一个丑陋的、大眼睛的家伙正在对我的腹股沟做些什么，我挣扎着，可四肢不听使唤，我似乎被注射了麻药。真令人讨厌，这些家伙不管我是否愿意，直接把我抓过来，取出一些精子，上帝啊！他们要干什么？

黛比拉在催眠中向巴德讲述了那天的情景：

那个闪着绿色光芒的飞碟仍停留在汽车上方，但埃利奥特不知什么时候不见了，也不在车里，也不在外面，只有我一人留在车里，我担心极了。

怀疑者认为任何宣称被外星人劫持的人都是在催眠状态下，被催眠师误导而编造出来的，准确地说，是催眠师将模糊意识输入被催眠者的脑海，形成一个固有记忆，使人坚信他们看到的就是外星人。UFO 研究团队也承认存在这种可能，催眠的确能制造虚假记忆。

对于怀疑者的反驳，巴德解释说，他没有那种将虚假意识输入到被催眠者脑海的技能，外星人却有删除人记忆和意识的能力，他利用催眠只是将那被删除的记忆恢复过来。资深记者布莱恩本不相信劫持事件，但看完巴德的催眠术后，开始支持埃利奥特夫妇，他相信这对夫妻的确遭遇过 UFO，埃利奥特还受到外星人的劫持，做了试验品。

巴黎青年失踪事件

在巴黎近郊的赛其庞特威兹地区的一所公寓里，三名年轻人聚在一起共度周日，他们计划明天一大早赶往60千米外的村庄。

年长的普雷布，聪明的鲁迪耶和年幼的佛提努是三个很要好的朋友，他们经常参加各地的跳蚤市场，靠出售廉价牛仔裤赚钱。他们明天要赶往远方的村庄，参加当地一个集会。为了占个好位置，他们计划早点出门。他们乘坐的汽车是普雷布的一部老掉牙的雪铁龙，年久失修，也没有购买保险，说不定半路上会抛锚大修，为了不耽误行程，他们定在凌晨3点出发。

第二天，三人按照约定准时起床，把要出售的货物搬出来放在老爷车上。鲁迪耶负责发动引擎，他点了几次火都无法启动，一边咒骂着一边继续发动，费了九牛二虎之力，引擎终于发动了。为了不让这家伙熄灭，鲁迪耶让年幼的佛提努坐在驾驶员位置，负责看护油门。鲁迪耶安排好后，和普雷

布返回公寓继续搬货物。凌晨3点30分，天空依然漆黑一片，除了发动机的轰鸣声，四周死一般寂静。这时，睡眼惺忪的佛提努突然看见天边有个发光的东西，然后发现它正在快速变大。佛提努激灵一下站起，睡意全无，全神贯注地盯着发光物。原来它不是在变大，而是快速向这里飞来。

知识小链接

全世界大多数目击者声称，他们见到的UFO是一个发光体。科学家们由此判断，外星人一定使用了人类所不知的光学科技，这种高科技可以让飞船以光速飞行，而且无声无影，来去自如，似乎根本没有重量。事实真的像科学家们预言的那样吗？

“伙计们，你们快过来，看这是个什么东西！”佛提努语无伦次地呼喊着，响亮的喊声在寂静的夜里显得格外刺耳。普雷布和鲁迪耶抱着货包从公寓里跑出来，他们很快发现了发光物体。

“上帝，这是什么玩意儿，传说中的UFO吗？”年长的普雷布惊呼一声，呆在原地，嘴里念念叨叨。年轻的鲁迪耶扔下货包，向公寓狂奔而去，转瞬抱着一个照相机跑了出来，原来他要拍下UFO照片，卖给本地报社。

普雷布留意了一两分钟后，又返回公寓继续搬货，看守汽车的佛提努为了进一步看清这个发光体，开着汽车上了路。鲁迪耶拿着相机狂照一通，没有注意到佛提努的行动，等他看到行驶的汽车时，立刻大喊：“佛提努，快点回来！”胆小的普雷布站在公寓的窗口朝鲁迪耶喊：“你疯了，不要照相，那可是飞碟，当心它报复我们！”

两个人担心佛提努，朝着车子行驶的方向望去，那个悬浮的发光体已经不见了，但在汽车的后面紧跟着一个绿色光球，像一团云气又像雾球，周围还围绕着数不清的光珠，不停地绕着光球旋转。普雷布和鲁迪耶停住脚步，屏住呼吸，凝神紧盯着光球。这时，绿色球体将小光珠吞噬，然后射出一束强烈光束，光束直径渐渐变粗，形成一个圆柱体。光柱笼罩着汽车，几秒钟后忽然飞走，消失在黑暗的夜空。

一切重归寂静，普雷布和鲁迪耶马上飞奔到停汽车的地方，可佛提努和汽车都消失了。

Part1 第一章

神奇的飞碟

无论是远古人类残存的壁画，古埃及人记载的“天空船”，还是中国史籍中记载的球形发光物，国际上统称这些不明飞行物为“UFO”。

最早提出UFO概念的是美国企业家阿诺德。1947年，身为消防器材供应商的阿诺德驾驶飞机时，在雷伊尼尔山遭遇了9个白色碟形的不明飞行物。它们的飞行速度超过2700千米/小时，这是人类当时任何飞行器都无法达到的速度。阿诺德后来回忆说，他的飞机根本追不上这些飞行物，它们不像是来自地球，很可能来自外层空间，阿诺德称这些飞行物为飞碟。消息一经披露，立刻在美国引起轰动，每年的6月24日，即阿诺德遭遇飞碟的日子，被定为“飞碟纪念日”。

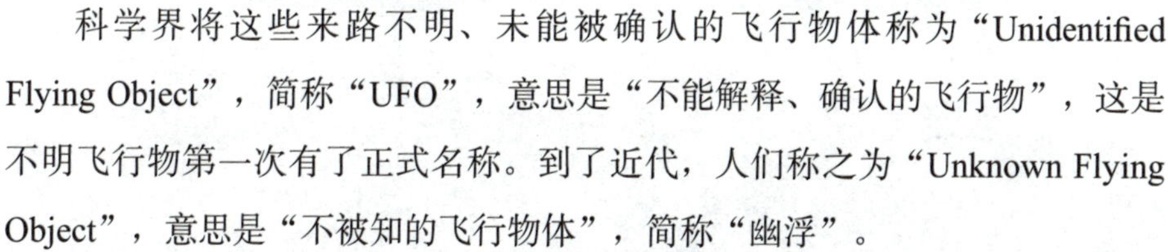

科学界将这些来路不明、未能被确认的飞行物体称为“Unidentified Flying Object”，简称“UFO”，意思是“不能解释、确认的飞行物”，这是不明飞行物第一次有了正式名称。到了近代，人们称之为“Unknown Flying Object”，意思是“不被知的飞行物体”，简称“幽浮”。

“飞碟”其实就是外星人乘坐的“宇宙飞行器”，目前仍有很多人对此持有怀疑态度，包括严谨的科学家。研究者经过分析世界各地出现的飞碟事件后，根据飞碟不同的种类、不同的形状，总结了6项特性：

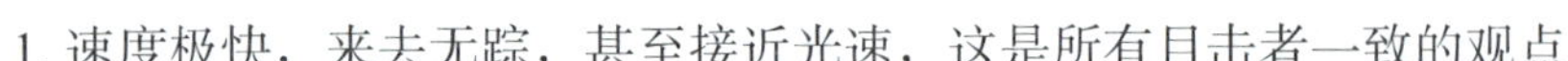

1. 速度极快，来去无踪，甚至接近光速，这是所有目击者一致的观点；

2. 能产生强烈的电磁力，能无声、无阻碍地飘移、飞行；

3. 附近能产生强烈的磁场，能导致各种仪器失灵，汽车熄火、无线电中断、电力系统紊乱；

4. 所到之处往往伴随着各种颜色的亮光；

5. 完全没有物理力学中的惯性作用，可以随心所欲地做任何运动；

6. 最重要的一点，普遍具有反重力，可以在无任何动力支撑的状态下在空中停留，能垂直快速上升，转瞬即消失。

美国是目前发现飞碟事故最多的地区，但令人不解的是，美国官方至今否认 UFO 的存在，针对境内数次 UFO 事件矢口否认，只是推说是自然现象或国防部门秘密实验失败。有军事专家怀疑，美国已通过各种渠道得到了坠毁的飞碟，并通过研究飞碟掌握了某些特殊的、尖端的科技，比如 20 世纪八九十年代急速发展起来的隐形战机 F-117，隐形战略轰炸机 B-2、B-52 等，这些科技已超越了正常科技发展领域，甚至超过人类的认知范围，而同时期的竞争对手——苏联却一落千丈，被远远地甩在后面，唯一的解释就是美国人获得了外星科技。

UFO造访地球的目的

有证据显示，很可能早在几万年前就有UFO访问过地球，近千年来UFO事件更是层出不穷，人类不禁发出疑问，它们造访地球的目的何在？

科学家认为，外星生物能穿越浩瀚的宇宙，来到银河系，来到地球，他们拥有的智慧和科技毋庸置疑，若是为侵略而来，显然地球早已不归人类所有了。所有迹象表明，UFO对人类和地球并无恶意，也没有依仗其掌握的高科技肆意欺凌人类。科学家们在研究了上万次的UFO事件后，总结了它们光临地球的6种目的：

1. 寻根之旅。世界各地都发现过史前文明，比如28亿年前的金属球，1.5亿年前的核反应堆，又如人类无法解释的金字塔、玛雅文化等，这些遗留下来的古文明很难用现在的科学来解释，它们很可能是远古地球人留下的杰作。外星人极有可能是曾经的地球人，他们掌握了高科技后驶离了地球，在宇宙中找到了栖身之所，UFO是他们寻根之旅乘坐的飞行器。

2. 促进文明。外星人拥有人类难以企及的科技和智能，他们在暗中引导或启发人类向高等文明过渡、进化。

3. 太空旅行。外星人科技十分发达，生活水平极高，星际旅行成为可能，UFO极有可能是外星人乘坐的太空飞船，来地球观光旅游。

4. 获取资源。外星人虽然没有伤害过人类，却杀害过牲畜和野兽，对人体做过医学实验，经常收集植物、动物样本，以及岩石、水样、矿物等，他们很可能在为自己的星球寻找缺乏的矿产资源或生物信息。

5. 警戒监视。人类几千年间为了生存战事不断，战争使生物荼毒，环境破坏，外星人造访地球是为了阻止人类使用原子武器，防止地球毁灭。

知识小链接

有研究者大胆预测，UFO是未来人类乘坐的时光机。几万年后，人类将掌握反重力、激光能，能使飞行器达到光速，从而穿越时间回到从前。他们返回现在是怕人类盲目的行为擅改历史，从而改变未来。这种假说更像是一部探险小说，惊险有余，逻辑不足，其真假难以定论。

6. 征服侵略。这是人类最为担忧的，或许“物竞天择，适者生存”不仅是地球的生存法则，外太空也存在着“丛林法则”，他们造访我们的蓝色星球，是因为地球是宇宙中最珍贵、最罕见的，适合生物生存的基地，他们正在为未来大规模移民地球做前期准备。若果真如此，那么人类面对外星人的科技时，将毫无还手之力，只能任人宰割。但愿这是杞人忧天的猜测，并非事实，毕竟适合人类生存的地球未必适用于外星人。

以上六种说法是研究者的总结，因为缺少足够的证据，哪种说法都有不足之处，主观臆测成分较多。尤其是侵略一说，更是危言耸听，倒像是好莱坞电影中描写的情节。

也许未来随着和外星人的接触增多，对他们进行进一步的研究后，就能了解他们造访地球的真实意图。

Part1 第一章

不同类型的UFO

综合世界各地关于UFO事件的报道，可以看出，UFO外形千差万别，大小不一。或许外星人根据不同的需要设计了功能不同的飞行器。

若将UFO按大小分类，可以分为迷你型、中等型、大型和超大型。迷你型大小像一只碟盘，直径约20厘米，中间有一个鼓起的球体，能从窗户出入，在屋里飞翔。世界各地有多起关于迷你型飞碟的报告，中国浙江省温州市的一家肉牛养殖场的监控曾拍到过一个微型飞碟，它在牛栅栏间来回飞翔，还悬浮在牛头前，引起正在吃草的牛的注视。中等型有卡车那么大，直径4.5~6米，起飞时射出各种颜色的光。关于UFO的事件中，此类飞碟最多，各地目击者描述的飞碟大多数属于此类，里面隐约可以看见外星人驾驶员。大型飞碟像波音747飞机，直径50~80米，一般是作为“飞行母船”使用，是小型飞碟的基地。这类飞碟只悬浮空中，从未在陆地降落过，新几内亚巴普岛上空的飞碟即属此类。它的腹内能释放出无数迷你型飞碟和一些中型飞碟，和人类的航空母舰很像。超大型形状不一，有的如足球场，有的长约几千米。这种飞碟或飞行物只停留在离地球几千米甚至上万米的高空，从未在地球上降落，目睹它真容的一般是民航客机乘客或战斗机飞行员，它们巨大的身影让每一位亲历者目瞪口呆，不由自主产生恐惧和骇然心理。世界各地的雷达也发现过此类UFO，它们留在

雷达屏幕上的斑点面积足以让所有人吃惊，人们无法想象长几千米、宽上千米的金属物能悬浮在万米高空，或纹丝不动，或急速飞行。

除了以上形状外，还有各种各样的UFO，比如云朵状或发光的球体状不明飞行物。一些研究人员认为，云朵状的气团可能是圆盘形或圆筒形UFO排放的废气，并非UFO本身，因为不可能有气体状态的飞行器。

知识小链接

19世纪初，英国科幻作家威尔斯首次提出了“反重力”，这是一种可以屏蔽各种引力的引力波。自从“反重力”一词首次出现，两个世纪来就一直是人类的梦想，科学家们为此做了不懈的研究。据传，世界最大的飞机制造商波音公司已经在反重力研究领域取得重要进展，相信未来某一天将会彻底改变人类世界。

UFO最常见的飞行本领，也是人类最羡慕的技术，是纹丝不动地悬浮在半空或高空，不用借助任何推力和燃料。这种技术也赋予了UFO能直上直下快速飞行的本领，是人类现有的物理知识所不能解释的。也有一些UFO起飞时像火箭一样，底座燃火，借助空气动力产生浮力，但从未有过像直升机那样靠螺旋桨的旋转产生推力。科学家们相信，若能解开UFO悬空之谜，人类将掌握反重力，超远距离星际旅行和时间倒流将变为现实，必将对世界文明和人类本身产生深远影响。

Part1 第一章

自叹弗如的速度

所有目睹过UFO的人在惊叹于它能悬浮、直角拐弯、垂直升降和无声飞行的本领时，无不被它的飞行速度所折服。UFO的速度极限是多少？

从世界各地发现的飞碟事件来看，UFO的飞行速度大小不等，慢的有300~1000千米/时，快者有2万~6万千米/时。也许UFO就像汽车一样，有快慢挡，根据需要能自由调节飞行速度。毋庸置疑，UFO拥有的高科技是人类难以望其项背的，它的速度极限一直是个谜。

商用飞机的最高时速为2500千米，高性能喷气式战机的最高时速为3900千米，洲际导弹的时速约7500千米，十二倍音速的反导导弹时速为1.5万千米，人造飞行器的时速超过2.84万千米，即可脱离地球。人类目前已知最高速度为11.2千米/秒，这也是火星探测器脱离地球轨道的最低速度。遥遥领先人类科技的UFO速度几何？

1960年，美国在位于内华达州的沙漠测试一款新式导弹——德国V2导弹改进型。当时发射场出现了一个神秘的飞碟，导弹刚刚升空时，飞碟紧跟而去，几秒钟后即追上导弹，然后快速离去，导弹被远远地甩在后面。这次“比赛”以飞碟的完胜而告终。试验场的跟踪雷达计算出了飞碟的速度，它追赶时时速为1600千米，甩开导弹时时速高达惊人的9000千米。

显然这不是飞碟的极限速度，早在1949年，该导弹发射场就有过监测飞碟记录，罗伯特博士曾用经纬仪测量过那个没有现身，只出现在雷达上的飞行物，它飞行高度为 9 万米，时速为 4.32 万千米。

苏联天文学家波斯希日教授说：“土卫六到地球的距离约 12.8 亿千米，飞碟可在几天内，甚至几个小时飞完该路程。”地球和火星最近距离为 5500 万千米，人类发射的火星车以最快速度飞行，至少需要 8 个月，而飞碟可能只需要几分钟。

令所有研究者着迷的并非只有它惊人的速度，还有它卓越的加速能力和违反物理学常识的直角、180° 拐弯本领。1963 年，法国导弹专家在非洲撒哈拉回收火箭弹头时，空中忽然出现一个亮点，后证实是一个巨大的飞碟。静止悬停几分钟后，它飞走了，地面雷达监测到的数据显示，飞碟从静止加速到 6000 千米 / 时（约 5 倍音速）只用了 3 秒钟，简直不可思议！人们还在怀疑它是否使用了飞碟的最大性能。

知识小链接

什么是第一宇宙速度？航天器若想绕地球飞行，就必须有一定的速度，否则就会被地球引力俘获，坠落下来。根据物理计算公式，航天器必须达到 7.9 千米 / 秒（约等于 2.844 万千米 / 时），才能克服地球引力，沿着一定轨迹做圆周运动。当速度超过 11.2 千米 / 秒时，航天器就会冲破地球引力，脱离地球轨道，不再绕地飞行，进入环太阳轨道，即第二宇宙速度。

1952 年，美国空军雷达屏幕显示，在华盛顿特区的上空出现 7 个亮点，正朝着国会大厦和白宫移动。军方大惊，立刻命令空军战机升空狙击。令指挥官沮丧的是，几架战机被 7 个亮点甩在身后。在离地面 4000 多米高的空中，它们来了个直角拐弯，从容不迫地飞离该地区，似乎在调皮地和军方战机玩起了个捉迷藏。追击的飞行员目瞪口呆，不知所措。

军方专家齐盖尔教授说：“真是匪夷所思，要知道直角拐弯时，飞行器每平方厘米的表面上要承受 3000 克的强大压力，地球上任何材料都经受不起这种过载。”

Part1 第一章

世界关注 UFO

世界各地此起彼伏的UFO事件引起了各国政府的高度关注，尤其是军方人士，他们渴望从UFO身上获得高科技，以使用在本国尖端武器上。

将飞碟技术军事化一直是美国军方秘密研究的课题。许多军事专家相信，美国保存了部分坠毁UFO残骸和外星人尸体，并从中获得了绝密技术。美国民众曾要求国防部和白宫公开51号基地和“罗斯威尔”事件真相，但美国政府多次以国家安全为由拒绝民众的诉求，世界各国因此怀疑，“罗斯威尔”事件绝不是自然现象，美国国防部一定隐藏了重大秘密。

联合国也曾召开过关于UFO的国际会议，1971年11月8日，在联合国大会上，轮值国主席、乌干达大使宾谷拉曾警告说：“在未来，人类进入宇宙空间后将可能遭遇外星人，联合国有必要对此立法，禁止人类挑衅外星生物，尽量避免因误解而导致冲突，从而引发战争。这并非危言耸听，危险随时存在，且关乎人类和地球的命运，因为貌似强大的人类面对拥有更高文明的外星人时，犹如刚学会走路的婴儿。”宾谷拉强调，虽然各国官方都对UFO和外星人持否定态度，但世界各地的确遭遇过各种UFO事件，并相信那就是外星人乘坐的宇宙飞船，因此联合国有必要将UFO列入联大议题……

1976年10月，中美洲国家格林纳达首相格里在31届联大会议上也就UFO问题发表过演讲："对未知宇宙的探索应该是全人类共同的梦想，因此世界各国应该分享相关研究成果，而不应深藏不露……"针对美国"罗斯威尔"事件和"索科洛"事件，格里没有指名点姓地批评道："某个国家将坠落的UFO当作国家机密，口口声声强调涉及国家安全拒绝公开相关信息。实际上，它是外星生物是否存在的重大命题，是人类研究宇宙生命的重要证据，绝不该只属于某个国家的隐秘档案。因此，我强烈呼吁相关国家，不论那些秘密有多么惊人可怕，都应该公之于众，我相信人类能接受外星人存在的事实。"

知识小链接

联合国大会简称"联大"，是联合国六大机构之一，会员有196个国家和地区。联合国大会每年都举行一次常务会议，通常在9月第3个星期二召开，持续到12月下旬，会期长达13个星期。大会主要议题是世界面临的重大问题或各地的冲突，以及商讨解决办法。

尽管1978年联合国大会通过了格林纳达政府提交的决议草案，但只是一纸空文，面对美国的强势阻挠，根本无法执行。

各国政府虽然没有公开承认外星人和UFO存在，但多数国家都成立了相关科研机构，致力于研究外星科技和外太空生命，相信随着不断的艰苦探索，UFO和外星人之谜一定会大白于天下。

第二章 天外来客

被称为“宇宙之王”的英国著名物理学家斯蒂芬·霍金说，宇宙中有超过1000亿个像银河系一样的星系，每个星系又有数亿颗恒星，地球并非是唯一可以孕育生命的星球，外星生命极有可能存在于其他星球上。假如有朝一日外星人来到地球，是作为友好使者还是会大肆掠夺资源后扬长而去？富饶的蓝色地球会是侵略者眼中的潘多拉星球吗？我们继续去解开宇宙的奥秘，了解神秘的外星人。

Part2 第二章

巴西青年与外星人

安尼欧是巴西西南部的明纳斯乔莱斯州一个村庄的青年，1957 年 10 月，他被一群外星人跟踪后劫持，与一位外星美女发生了关系。

早在 10 月初，安尼欧身边就相继发生了一些奇怪现象。10 月 5 日夜里 11 点，安尼欧和弟弟从一个舞会回来，刚要上床休息，不经意间透过窗户看见空中停留着一个发光的物体。它突然飞过房屋的上空，刹那间，它透过屋顶的缝隙向下投射出一束强烈的光线，很快一切又归于平静，窗外漆黑。安尼欧虽然很诧异，但并未留意，很快进入梦乡。

9 天后，安尼欧再次邂逅这个不明飞行物。晚上 9 点半，他和弟弟驾驶着耕机在田里劳作，那个发光物不知从什么地方钻了出来，田野四周立刻明亮如昼。兄弟两人抬头看了这个庞然大物，圆形，中间似乎是球体，直径约 90 米，发出的强光十分刺眼。它停留在田野上空，游荡了几分钟后就消失了，兄弟二人呆若木鸡，怔在原处。

第二天夜里，安尼欧独自在田里劳作，一个很大的橙色球体落在田里，它发出的橙光照亮了四周，球体伸出 3 根支柱，在安尼欧附近缓缓降落。年轻人吓得要命，开着耕机就逃，可从未出过毛病的耕机突然熄火，任凭他怎

么点火都无法启动引擎。安尼欧跳下耕机，夺命狂奔，可一脚踏下去，立刻陷入松软的泥土，难以自拔，他恐惧地呆在原地，仰望着不明发光物。

这时，安尼欧感觉有人抓住了他的双肩，他奋力挣脱，马上又有三个人来抓他，经过一番挣扎，他筋疲力尽，只好束手就擒。

安尼欧回忆说，那几个外星人个子很矮，身高约 140 厘米，只到他的肩处，说话像狗叫，根本不像人类。他们似乎十分好奇安尼欧的声音，他每喊一声，他们就会停下认真倾听。好在外星人并无恶意，对安尼欧很客气，并没有使用暴力来对付他的挣扎和反抗。

安尼欧被带入外星人的 UFO 舱内，那里四周都是弧形的金属墙壁，在一个小房间里，他看到了 5 个外形一模一样的外星人，他们都穿着银灰色的紧身工作服，戴着手套，头上戴着精致的头盔，中间是透明的玻璃，透过玻璃

可以看见外星人鸡蛋大的黑色的眼睛，没有瞳孔，没有白色部分。

安尼欧被带到另外一个更大的圆形房间，在那里，两个外星人将安尼欧紧紧按住，把他的衣服全部剥掉，给他全身抹上了黏稠的液体。虽然是强迫性的，但外星人在做这些事时一点也不粗暴，也不凶狠，而是很温柔，很小心。在另外一个房间，安尼欧看到房间的圆形门上有一种红色的文字，样子古怪，根本不知其意。安尼欧感觉外星人在抽他的血液，但没有一点刺痛感，只能看到红色的血液源源不断地流到一种透明的容器里。

知识小链接

金星适合人类生存吗？据太空红外线观测仪显示，金星地表温度为 360℃ ~580℃，大气中二氧化碳的含量是地球的 100 万倍，空气中是腐蚀性极强的二氧化硫气体和浓酸雾，厚达 100 多千米，金星大气压强是地球的 1000 多倍，地球人若站在金星上，会被压成纸张一样的碎片。因此可以断定，金星根本不适合人类生存。

一丝不挂的安尼欧被带到第四个房间，他以为这次将遭受惨无人道的实验，可他却坐在了一张柔软的银色椅子上，忽然闻到一股令人作呕的气味。恶心的气体让安尼欧狂呕不止，后来他回忆，这可能是外星人的催情药剂。当安尼欧神情恍惚时，进来了一位身高 130 厘米左右的外星美女，他情不自禁与之发生了关系。

事后，外星人给他穿上衣服，带他步入底层，安尼欧猜想他们可能要将自己送出飞碟，这正是他求之不得的。路过走廊时，安尼欧偷偷地拿了一个小器件，不想被他们发现并收走。他降落地面上后，UFO 将三个支架收回，快速地旋转，停留几秒后，像离弦之箭一样飞走。当安尼欧回过神儿来，已经是第二天早上 5 点 30 分，他被劫持了近 8 个小时。

再擅长讲故事的人也不会编出这么离奇的故事，以至于人们无法相信安尼欧的经历。巴西陆军调查官认真地

听安尼欧讲述他的遭遇，并未发现任何矛盾的地方，附近的乡民们都认为他是个诚实正直的年轻人，绝不可能说谎。医生的体检报告证明，安尼欧身上虽然没有针眼，却有放射线照射过的痕迹，而这种放射线并非现代医学所了解的任何一种射线。

外星人为何会不远千里来到地球，和人类发生关系？难道是想改良基因，生下“异形”生物吗？若果真如此，或许在宇宙的某个星球，已经出生了一个人类的婴儿，说不定将来某天会驾驶飞船前来认祖归宗。

Part2 第二章

ET影像

国际电影大师斯皮尔伯格曾导演过一部儿童科幻电影《ET外星人》，观众首次在电影中看到了栩栩如生的外星人，外星人留下过影像资料吗？

世界各地有数万人目睹UFO和外星人事件，但出于各种原因，很少有人能拍摄下来。遭遇外星人是可遇不可求的事，不是随便扛个摄像机在某处守候几天几夜就能拍摄到的，所以一张真实、清晰的UFO照片弥足珍贵，更别说拍下一段视频了。

1960年，一个不明飞行物降落在巴西萨尔瓦多市郊，当地摄影爱好者詹姆斯·惠弗成功拍下了它的照片。惠弗回忆说："飞碟当时正在400多米高的空中飞翔，时速在300千米以上，但它并非侧滑，而是以90°右转弯后降落在密林中。"

惠弗拍摄的物体可以确定是一种不明物体，绝非地球上能飘浮上天的自然

知识小链接

世界各地有多人声称目睹过UFO，但留下影像的极为罕见。许多目击者十分肯定地说，当时他们的确用相机或摄像机拍摄下了UFO，但不知何故，相机底片或录影带上却什么也没有。研究者由此推测，UFO有种神秘的本领，不会在胶片上留下自己的影子。

物，也非人类制造的飞行器。它像一个穿着金属外衣的气球，金属质感非常强，浑身明亮，在太阳照射下反射出明亮的阳光。摄影专家研究照片后认为，照片是对空拍摄，不存在模拟拍摄的可能，也没有经过任何摄影特技处理，是原生态照片。

澳大利亚墨尔本市的一家电视台的记者曾驾机进行航拍，偶然拍得一组飞碟镜头，时间长达 7 分钟。在片子里，共出现了 25 架 UFO，全部发射出耀眼强光，来回穿梭在电视台的飞机周围，似乎在欣赏这个飞行“怪物”。惠灵顿国际机场的雷达也证实了当天发生的异象，雷达屏幕上显示了几个快速移动的光点，从 0 点 30 分开始，一直持续到 4 点，而当时该区域只有电视台的这一架飞机。

这段世界上第一部关于 UFO 的影像短片后来被高价卖给英、美等国的电视媒体，收到了很好的经济效益。

Part2 第二章

罹难的外星人

除了少量的实物证据和珍贵的影像资料外，地球上还发现过外星人留下的遗体和部分飞船残片，很可能是飞船发生意外导致的。

外星人拥有很高的科技，他们的飞船安全性是百分百可靠的吗？答案是否定的，飞碟也发生过多次坠毁事故，造成机毁人亡。

位于南美大陆南部的潘帕斯大草原，是世界著名的平原，这里一马平川，地广人稀。1950 年，正是在这片人迹罕至的大草原上，发现过坠毁的飞碟和外星人的遗体。傍晚时分，本地一家地产公司的建筑师博塔博士驾驶汽车正行驶在公路上，汽车灯照射到远方的物体上后被反射回来。博塔博士疑惑：这里是大草原，到处是茂盛的杂草，怎么会有反光物？他减速接近反光物体，惊讶地发现，路旁有个圆型的金属物体，中间鼓起，像是一个球体。博塔博士忽然想到个名词：UFO！

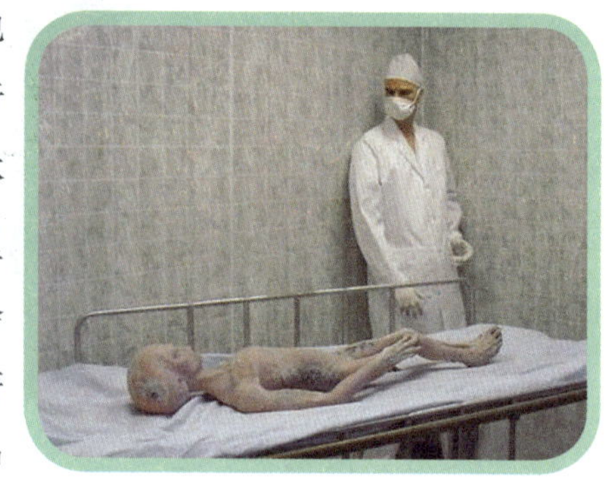

他走近飞碟舷窗，看见里面有四个座椅，上面坐着三个小矮人，一动不动，显然他们已经死了。小矮人们穿着银灰色的连体工作服，大眼睛，小鼻子，黑色的皮肤和硕大的脑

知识小链接

国外一个著名的UFO研究组织宣称，截至目前世界各地共发现或疑似86起UFO坠毁事件。为什么各国都不愿承认这类事件，也不愿公开调查结果呢？分析人士指出，二战时，德国和苏联出于技术竞争而隐藏了相关材料；战后则担心引起民众恐慌。

袋。金属舱内有灯、仪表盘和荧光屏，很像汽车驾驶室。博塔被眼前的景象惊呆了，他确信自己不是在做梦，也非幻觉，慌乱中博士激动地离开现场。

第二天，博塔带着同事和朋友们返回现场，但那里只剩一堆灰烬，金属物体不知所终，也不见了三具尸体。博塔百思不得其解，那些尸体和坠毁的飞碟哪里去了？第四个座椅上的外星人是否幸免于难？难道是他离开坠机地点后搬来了救兵，将遇难同伴和飞船残骸转移走？

无独有偶，20世纪90年代初，曾有探险家在喜马拉雅山麓的冰雪中发现了一架UFO残骸，里面也有6具外星生物遗体。这些遗体高1米左右，眼睛和脑袋很大，和身体不成比例，但四肢很细弱。科学家们在研究飞船残片时，搜集了许多地球上从未有过的金属。令人惊奇的是，6具遗体附近竟然有许多牛、马、狗等动物尸骨，这些动物是外星人在地球上劫掠的试验品，还是他们的食物，研究者不得而知。飞船残骸和外星人遗体被喜马拉雅山上的积雪冰封住，人们无法考证其失事的大致时间，但从积雪厚度来看，至少几百年了。

也许是一次意外事故让这些来自宇宙的探险家遭遇不幸，抑或是飞船设计上的缺陷让外星人永远长眠在离他们星球亿万千米外的地球上。

Part2 第二章

探索不止

人类将第一颗人造卫星送上太空后，就渴望得到其他宇宙生命存在的信息，以证明在浩瀚的宇宙里，人类并不寂寞。

寻找地球外生命也是各国探索宇宙奥秘的一部分，科学家们从未停止过探寻外星人，一直积极地以各种方式在宇宙中寻找可能存在的生命体。1959年，英国著名的学术杂志《自然》发表了柯克尼和莫里森合著的一篇论文。文章认为，如果宇宙中的某个星球真的存在智慧生命，且它们拥有和地球一样的科学水平，那么，我们向它们发射无线电信号，或它们向地球发射信号，双方应该都能接收到。这种对话极为艰难，因为几百年、几千年间才能谈一句话，但毕竟双方实现了交流。科学家还建议，发射的无线电信号的最佳波长应为21厘米，因为这是氢原子的波长，宇宙中氢原子含量最丰富，相信也容易探测到。

这篇论文更像是科幻小说或异想天开的设想，在学术领域并没什么建树，也未引起科学家们的关注，却极大地激发了普通人研究地外文明的热情，并坚信随着科技的进步，人类终将和外星人取得联系。这篇论文在科学史上有重要影响，标志着人类探寻外星生命的开始。

从远古到现在，人类作为万物之灵，已经存在于地球1500万年。几百万年来，人类始终认为自己是地球之主，是宇宙中唯一有智慧的生命体。直到近代，人类依然认为地球是太阳系的中心、宇宙的中心。现代，随着科技的进步，人们的视界骤然开阔，才知道宇宙无边无际，远远超过人类的想象，我们繁衍生息的地球在浩瀚的宇宙中犹如一粒灰尘，实在渺小。“知多而畏”，掌握了一定真理的人们开始猜想：也许在宽阔的宇宙中，在遥远的其他星球上，也生活着和人类相似的生命体，正等待着人类友好的信息。

知识小链接

什么是“维”？简单地说“一是线，二是面，三是空间，四是时空”，即一维是一条直线，二维是两条相交直线组成的平面，三维组成一个静态空间，四维是有了时间的空间，即动态空间。前三维由物理学家牛顿总结，涉及物理学的方方面面，第四维由爱因斯坦提出，是研究宇宙空间学的重要理论。

Part2 第二章

探寻地外文明

虽然人类主动寻找地外生命没有取得任何成果，但这不代表宇宙中不存在外星生命，有人坚信外星人和地外文明是存在的。

生命是美妙的，生物的繁衍使我们的蓝色星球气象万千，生机勃勃；生命非神造的，生命是由天体亿万年演化的结果；生命是脆弱的，生命存在的条件十分苛刻，需要坚硬的外壳，适合的大气，恒定的温度，一定量的水和氧，以至于人类已知的十几亿颗恒星中没有一颗存在生命。文明的载体是拥有智慧的生命，没有生命就不可能有文明。

人类对外星文明的探索最初的动力源自对自身的好奇，想方设法揭开神秘的未知世界的面纱。遗憾的是，人类是如此渺小，掌握的科技又是如此匮乏，面对的宇宙又是如此浩瀚，我们还不能研究出自身的起源。人类对地外

文明的探索其实就是揭开人类自身的起源之谜，是自我发现的过程。

人类探寻地外文明已经过了半个多世纪，依然没有收到任何反馈信息。银河系中应该存在许许多多的地外文明，可他们为何不与我们联系，而让人类做着无用功呢？是什么阻挡了人类找到宇宙兄弟，又是什么原因阻隔了他们联系我们？原因可能如下：

1. 距离太远。这可能是最直接的原因，也许上帝创造宇宙时就已考虑了不让星际之间通话，故意将两星之间的距离拉大，以至于双方交流一次至少需要几千年。

2. 文明差异。也许是我们的文明太过落后，而其他星球拥有高度发达的文明，他们对地球人不屑一顾，对几百光年外的地球视而不见？抑或地外生物的文明比我们低，人类的射电信号对他们来说是对牛弹琴？

知识小链接

1974 年 11 月 16 日，美国利用架设在赤道附近的巨型射电望远镜，向银河系武仙座星团发射了一组信号，以探寻该星系是否有智慧生命。这些恒星距离地球约 47 光年，这意味着就算那里存在生命，对方立刻回复信息，人类最早也要等到 2068 年才能收到。

3. 频谱不容。地球发射的信号是宽频电磁波，任何简易的无线电接收装置都应该接收得到，难道外星人使用的频谱和人类的不兼容，从而收不到任何信号？

4. 生命形式不同。地球上拥有智慧的生命体是灵长目的“人”，或许其他星球上的“万物之灵”是异形生物，他们的生存方式和交流方式与人类完全不同，如果采用他们所熟知的交流方式，或许会有令人意外的收获。

以上是科学家们的猜测，并非实际原因。人类探测宇宙才 60 年，60 年相对于“人”是足够漫长的时间，但对宇宙却微不足道。也许人类的射电信号仍在向银河系的深处延伸，继续向某个地外文明传播地球人的问候。

Part2 第二章

不同类型的外星人

各国UFO研究专家都多少收到过关于外星人的报告，从所有目击者的报告来看，人类所遭遇的外星人大致可分四个类型。

人类遭遇的外星人有以下四种类型：

一、矮人型类人生物。这类外星人通常被称为宇宙中的侏儒，身高0.9米~1.35米。相对于人类的脑身比例，他们的躯体显得格外矮小，但脑袋特别大，前额又凸又高，拥有足够大的脑容量；嘴巴很小，呼吸系统似乎已经完全退化，没有耳朵，可能借助某种高级的交流方式；眼睛又黑又大，几乎像鸡蛋那么大，没有瞳孔，没有白眼。这些人目光呆滞，眼睛圆睁，说明他们对光线没有感觉，而是靠一种人类所不知的视觉方式观察事物。他们四肢细长，手指少于5根，或有类似于鸭子的“蹼”，手指连在一起，这证明他们长期生活在水里。很多目击者声称，这些小矮人穿着银灰色金属连衣裤，研究者相信那是由特殊的金属材质制成的，用来防止宇宙射线辐射。最令人疑惑的是，这些小矮人身躯的左部要比右部宽大些。

二、蒙古人型生命体。这些类人生命身材要比矮人型略高，在1.2~1.8米之间。相对于小矮人，他们看起来和人类很相似，很耐看，以我们的审美眼光看，至少不像看到小矮人一样恐惧。他们各部位很协调，形态和地球人相近，很像亚洲人，尤其是蒙古人。1954年10月10日傍晚时分，法国人马里尤斯·德维尔德在自家的房屋附近看见了一个不明飞行物，然后从里面走出一个外星人。德维尔德先生回忆说："这个类人生命体带着柔软、透明的头盔，虽然当时天有些暗，但我还是看清了他的样子，他的脸形、耳朵和头发很像亚洲人，准确地说像蒙古人。他有宽宽的下巴，浓眉毛、高颧骨，双眼呈褐色，皮肤黝黑。他穿着贴身的连衣裤服，和人类宇航员所穿的衣服很像。说实话，我一度认为这是哪国的宇宙飞船来到这里，他根本不像外星人。"UFO研究专家收集到的多起外星人报告也证实了德维尔德先生所言不虚，的确有许多外星人长得像蒙古人。

三、巨爪型类人生命体。此种类人生命体自从1958年发生的一次飞碟事件后再也没人目睹过。当时有个UFO在南美洲委内瑞拉的一条公路上着陆，一辆长途卡车正好路过该地，车上的两位司机看到了一个闪闪发光、巨型的圆盘状的飞碟，接着从飞碟中走出一些巨爪型的外星人。他们头披长发，浑身发光，个子矮小，一步步朝卡车走来。当侏儒们越来越靠近卡车时，一名健壮的司机跳出驾驶室，扑向一名侏儒，想把他捉住。没想到侏儒力大无比，一下就把这名司机打翻在地，转而跑回飞碟。其他的外星人也从飞碟中跑出来，营救他们的同伴，然后飞碟快速离去。目击者当时非常接近外星生命体，近距离地看清了他的样子，这名司机后来向调查UFO事件的专家们说，那个家伙长着像爪子一样的手指，中间有蹼，和蜥蜴一样。

知识小链接

美国西北大学的天文学家雅柯·瓦蒙总结了发生在20世纪的80起UFO事件，在这些事件中，共有153个类人生命体出现，其中蒙古型类人生命体有35个。瓦蒙教授研究后认为，欧洲是小矮人们常光临的地方，北美东部是蒙古型类人生命体的“地盘”，而南美大陆则是“巨爪型”光临之地。让研究者困惑的是，这些类型的外星人是否同属一类文明？

四、飞翼型类人生命体。19世纪70年代，曾发生了一起轰动欧洲的人类遭遇外星人事件。1877年5月15日，在英国的汉普郡兵营，两名哨兵正在站岗，这时他们在不远处看见了一个穿紧身连衣裤，头戴发光头盔的“人”。两名哨兵刚要上前盘问，只见那个人蓦然腾空飞起，他们惊恐万分，立刻朝“飞人”开枪射击，可那人飞行太快，两人没打着，等装好弹再射击，“飞人”早已消失。两个哨兵放下步枪，浑身战栗，瘫坐在地上。1922年2月22日，在美国的内布拉斯加州，威廉·拉姆正在森林里狩猎，忽然，他听到一阵刺耳的鸣叫声，环顾四周，他看见了20米外有个球形物在徐徐降落，最终着陆。拉姆惊讶地看着这个从天而降的东西，几秒钟后，树林中走出一个身长2.4米的人，朝那个球形物飞去。拉姆以为自己看花眼了，揉了揉眼睛，不错，是一个飞行的人！他钻进球形物后，那个物体拔地而起，很快消失。1953年6月18日下午2点30分，美国休斯敦市市民沃尔克小姐、菲利普斯先生和万耶斯小姐正在118号公园里散步，忽然，他们惊讶地看见一个戴头盔的人从身边飞过；1967年9月29日上午10点30分，在法国的康塔尔省，德尔皮埃什夫妇发现不远处停着一个直径2米的圆球，球的周围有4个小生灵在飞，它们飞了一会儿后，钻进圆球，随即圆球迅速飞走。

除了以上四种常见类人型生命体外，还有其他各种模样怪异的外星生命，如长方形的生命体、像机器人一样的智能生物等，科学家们猜测，这些奇形怪状的生命体很可能是外星人设计的智能机器人。

Part2 第二章

扑朔迷离的火星人

16世纪时，荷兰人发明了望远镜，人类首次观测到了地球的近邻——火星。

起初，人们在观察火星时，发现了上面纵横交错的丝网，由此推测那可能是“火星人”发达的交通网。1935年，美国一家广播电台声称，火星人正在美国访问，不明真相的人们充满好奇，想一睹火星人风采，可经查证后认为是主持人的恶作剧；英国科幻作家威尔金斯创作了一部小说《大战火星人》，其中把火星人描写得邪恶、残暴、丑陋，拥有恐怖的战斗力。小说中渲染的末日气氛深深地震惊了欧洲读者，并催生了60年代火爆的“火星人”系列电影。人类一直在思考，火星上会不会有人，他们对地球人的态度如何。

20世纪60年代，人类第一艘火星探测飞船终于登上了火星，解开了困扰

世界的谜团：火星温度很低，到处是砂砾和灰尘，异常干燥。火星表面经常刮着超过18级的狂风，飞沙走石，遮天蔽日。火星上缺少生命形成的必要条件——水和氧气，因此科学家断定，火星上没有生命，更不可能有人。充满好奇、满怀希望的人们对这一结果很失望；充满担心和戒备心理的人们长舒一口气：没有恐惧的火星人，地球是安全的。

谜团解开后，科学家们进一步分析后认为：除了地球，太阳系里所有行星都不具备生命存在的环境条件，因此，人类是太阳系里的“独苗”。人类要想找到“宇宙兄弟”，只有去太阳系之外寻找。

知识小链接

2011年11月26日，美国发射了最新的火星探测器——“好奇号”。该火星车采用核动力驱动，造价超过2亿美元，加上发射和维护成本共计25亿美元，是美国有史以来最昂贵的的火星项目。经过250多天的飞行，“好奇号”于2012年8月6日在火星表面着陆，开始了长达两年的火星探测任务。值得一提的是，为“好奇号”命名的是华裔少女马天琪。

在寻找外星生命的探索中，永怀好奇心的美国人始终走在世界的前面。

1972 年，美国成功发射了“先驱者 10 号”宇宙飞船，上面的金属片上刻了地球的位置、太阳系的位置和人类的形象。根据飞船速度测算，它飞行 15 年后，已于 1987 年飞出了太阳系，进入宇宙深空。1977 年，美国又发射了“旅行家 1 号”，在上面加载更多、更丰富的信息，还带去了一部结实的唱机和防辐射金属唱片，唱片内收录了全球几十种人类语言和百首音乐作品，其中还包括中国的古曲，地球人渴望与外星人取得联系。

那么，到底有没有星人？科学界分为两个阵营：一种认为，尚未发现任何有外星人的证据；另一种观点认为，宇宙广袤无垠，千万亿颗星球中也一定有与地球类似的天体，地球绝非“仅此一家，别无分店”，只是人类科技尚不发达，航天、通信技术不足以让我们寻找到生命体。为此，科学家幽默地认为：“E.T 尚未找到，世界仍需努力。”

Part2 第二章

探索路漫漫

地球之外是否存在像人类这样，或更高级的智慧生命？如果有，又能否和他们建立联系？科学家已着手进行了艰难的探索。

1960年5月，美国天文学家用大型射电望远镜观测了鲸鱼座，试图接收到外星生物发来的信息。科学家们猜测，离地球只有12光年的鲸鱼座在很多方面和太阳系十分相似，或许那里的某个行星上产生了生命，像人类一样正在向外发射信号，以求和外面世界取得联系。该探测项目进行了3个月，最终无果而终。1974年11月，美国位于波多黎各的阿雷西博天文台用大功率射电天线向另外一个星座发射了无线电信息，信号将在24,000年以后到达那里。如果那里的文明生物拥有或超过了人类文明，也许会收到人类的信号。当然，地球人若想收到他们回复的信息，至少还得再等24,000年。

科学家们认为，银河系中有很多个类似太阳系的星群，这些星群中极有可能诞生生命。众所周知，太阳存在了大约100亿年，之所以能存在这么长时间，是因为它的质量较小。相对于太阳，大质量的恒星热核反应持续时间较短，只有几百万年或几千万年，这看似漫长的时间对生物进化来说实在太短了。银河系中有这类恒星1000亿颗，附属行星更是不计其数，这些行星里有和地球相仿的环境吗？遗憾的是，人类对这些遥远的星系知之甚少，无法判断是否存在生命。

科学家们通过比例得出，银河系中大约有100万颗行星中存在有机物，这无疑是人类寻找到“宇宙兄弟”最令人振奋的消息。但不要太乐观，假设这100万颗行星正在向宇宙发射信号，那么信号到达地球至少需要10万年。人类文明不过5000年，掌握无线电技术不过100年，如何确保我们没有错过外星人的呼叫信号呢？

知识小链接

若干年来，UFO和外星人之谜一直困扰着人类，“是否真的存在外星人”深深地吸引了许多科学家的注意。一些科学家以严谨的逻辑来反驳“飞碟论”“外星人论”，认为没有足够证据就不能承认飞碟和外星人的存在；但坚信存在外星人的科学家做出了自己独特的解释，认为人类的认知非常有限，不能以自己的智慧去衡量外星文明。

银河系直径约10万光年，每个类似太阳系的星系之间的距离约为4600光年，人类现在发送的信息4600年后才能传播到太阳系的“邻居”星系，同样，回复信息也需要4600年，两个文明之间的对话十分困难，一万年才能说上一句话。当然对话的前提是那个星球上也有智慧生命，它们不应是一些初级藻类生物，而应是具有超过地球文明的生命。否则，人类的问候穿越4600光年的距离，而对面的听众却是一群爬行的微生物。

不过我们也不必悲观，毕竟人类的认知十分有限，也许会有一种生命不需要有机物，它们以另外一种方式存在。或者随着科技的进步，人类掌握了比光速还快N倍的通信技术，到那时，和宇宙深处的外星人交流将不再是遥不可及的梦想。

Part2 第二章

黑洞阻碍访客

外星人若真的来到地球，他们为何不露面？对此，安妮思博士认为，是宇宙中的伽马射线阻碍了外星人的行程。

安妮思是美国伊利诺伊州费米国家实验室博士，她认为外星人没有到达太阳系的原因是，最近几万年，银河系才归于平静，星际旅行渐渐繁忙起来。安妮思博士说，宇宙大爆炸后，形成很多质量巨大的恒星，这些恒星燃烧结束后成为死星，渐渐形成黑洞。黑洞质量巨大，释放出伽马射线和强烈的辐射波。最近几亿年，宇宙膨胀减缓，星空扩大，星与星的距离拉大，宇宙射线不再强烈，银河系才出现生命，外星人才可能从自己居住的星球到遥远的地方旅行。

安妮思将学术论文发表在英国《新科学家》杂志上，她希望自己的理论能解释关于外星人不出现在地球的事实。安妮思的观点认为，银河系非常古老，年龄超过 100 亿年，它的直径大约 10 万光年。若银河系存在智慧生命，他们的飞船若以光速的千分之一做太空旅行，他们来到地球也需要 1 亿年；若以光速的百分之一飞行，也需要 1000 万年。所以每架来到地球的飞碟都经过了至少 1000 万年的飞行来到这里，它们的经历可谓九死一生，要保证在千万年的旅行中飞船不出任何毛病。

听上去符合道理，但问题是：就算外星人拥有很高的科技和智慧，比人类寿命长，但他们的生命真的能超过 1000 万年吗？他们真的不怕伽马射线的辐射吗？众所周知，伽马射线是一种具有超强穿透力的有毒射线，能轻易杀死细胞，生物若长时间处在伽马射线的照射下，将很快被无声地杀死。也正是因为伽马射线有这种“本领”，它经常被用在医学领域，用来杀死病毒或癌细胞。

知识小链接

有超过光速的速度吗？光的传播速度为 30 万千米 / 秒，爱因斯坦的《相对论》认为，宇宙中没有什么速度比光在真空中传播更快。英国物理大师霍金也提出了相同的观点。但欧洲的一次实验中发现，有些中子的速度比光速还要快 0.017%，与此同时，意大利科学家提出，宇宙的膨胀速度超过光速。

安妮思也有自己的解释，她说，各地报告的外星人无一例外地穿着连衣金属制服，这可能是外星人为了避免宇宙射线的伤害，特制的防辐射服，它能有效地保证生命体不受宇宙射线伤害。安妮思最后断定，外星人原本就存在，时间超过人类文明，但由于宇宙射线的辐射，阻碍了他们做长远星际旅行，因此到达地球的外星人少之又少。

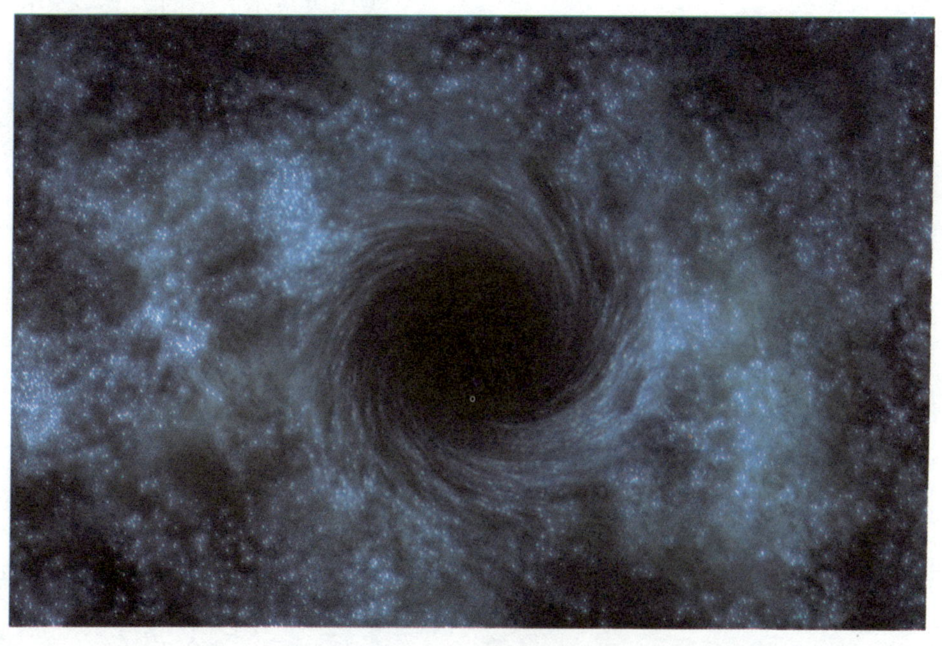

Part2 第二章

印象·外星人

目击者描述的外星人形态万千，奇形怪状，样子千差万别，有人相信，访问地球的外星人绝不可能来自同一个星球。

为什么世界各地目睹外星人的形状完全不一样呢？有的声称他们矮小，脑袋大，四肢细小；有人说外星人体形高大；有人说外星人像机器人；也有人说外星人浑身长毛，像怪兽……有研究者就推测，这些“天外来客”绝不可能来自同一个星球，它们极有可能来自不同的星域；另一些人反驳，地球绝不可能有如此多不同种类的外星人同时驾临。这两种截然不同的观点都没有充足的证据，争执得不可开交却又说服不了对方。他们与不承认外星人存在的科学家们形成“三足鼎立”之势，经常为该话题进行激烈的争辩。

美国康奈尔大学的天文学家卡尔·萨根代表着严谨、严肃的科学家立场，他认为，整个银河系中有超过1000亿颗恒星，这些恒星中有很多都带有多颗行星。假设这些行星中有百万分之一与地球环境相近或相似，完全有可能像地球一样孕育出生命，直至出现智慧生物。其中必有一些文明领先现在的人类文明，因此，完全有可能在地球以外的星球上出现高度发达的智慧生命。

同时，萨根却对世界各地此起彼伏的人遭遇外星人的报道不屑一顾，他认为这些都是人类把自己掌握的科技想象到外星人身上，或多或少都是人类自身的变形。因为在别的星球上，生物进化的过程受外部条件的影响，千差万别，不拘窠臼，作为万物主宰的智慧生命未必是人形生物，可能与人类完全不同。那些星球离地球距离至少在几万光年，每年甚至每天光临地球的行为显然是不现实的。

知识小链接

一个生理学家大胆猜测：人类很可能是外星人和古猿的后代。他认为，早在5万年前，外星人来到地球寻找定居点，但发现这里根本不适合他们生存，于是和古猿交配，利用先进的生物技术改变了古猿的基因，从而产生了人类。科学界大多将这一设想当成荒诞不经的笑话。

萨根的观点代表着部分严肃派科学家的意见，并不反对外星生命，正好相反，他认为有可能存在外星人，但目前各处发现外星人的报道，都不足为信。虽然仍有一些看似外星人的杰作，科学界无法解释的现象或事件，以及一些令人费解的史前遗迹，但也没有证据显示和外星人有关。

有一些人另辟蹊径，试图从古代遗迹里寻找外星人的“足迹”，他们认为埃及的金字塔、撒哈拉沙漠壁画、复活节岛巨石阵，以及玛雅图腾等都与外星人有关。甚至有人提出人类就是外星人后裔，一些民族（如古印第安人和玛雅人）就是地球人与外星人的后裔。这些观点没有任何科学根据，只是假设和猜测，是不负责的言论。

科学家们还提出了种种关于外星人的设想，这些想法很前卫，很大胆，也很离奇，很荒诞，但谁又会责怪人类无穷的想象力呢？说不定某个设想在未来的某一天终会变成现实，毕竟人类最初的梦想皆来自于不切现实的幻想。

Part2 第二章

外星人隐匿地球

位于非洲中西部的刚果民主共和国有一个几乎与世隔绝的原始部落，这里的人对太阳系有着超乎寻常的认识。

1987年，有一队科学家在刚果（金）境内进行考察，他们无意中闯入了一个从未被发现过的古老部落——多贡族。这里的人长相与普通人不大一样，但对陌生人还比较友善。相处一段时间后，科考队惊讶地发现，这些人对太阳系的知识十分了解，甚至超过了专业学者。在如此闭塞的山区，怎么会有如此先进的天文知识？经过深入接触，科考队取得了多贡族部落酋长的信任，他向人们透露了一个惊天秘密：早在170多年前，有一艘奇怪的金属飞船为避难逃到此地，一些长相奇怪的人与当地土人生活在一起。正是这些外星人传授了部落很多天文知识，尤其是太阳系以外的宇宙知识。那些外星人是否留下后代，后代今在何方，部落酋长讳莫如深，一言不发，不肯吐露半个字。科考队见酋长生气，只得打住不问，离开当地。

1977年，畅销书《天狼星之谜》中提到，西非多贡族其实就是天狼星人的后代。原来，多贡族中保留下来很多传说，这些神话故事和传说与非洲其他地方完全不同。例如关于天狼星，他们说，天狼星附近有一颗致密的、黑暗的、肉眼看不到的伙伴，那里有宇宙中最重的物质。这个传说直到 1844 年才引起震撼性的激荡：天文学家从天狼星的运行轨迹中计算得出，它拥有一颗黑暗伴星。1862 年，学界才证实了天狼星日的存在，它和地球直径差不多，重量却堪比太阳，它的密度十分惊人，一个茶杯大的物质重约 12 吨！

知识小链接

天狼星是大犬座中的一颗恒星，是中国古代二十八星宿之一。天狼星是冬季夜空中最明亮的一颗星，在晴朗的夜里很容易看到它。它离太阳系约 8.6 光年，在希腊文中，天狼星是“烧焦”的意思，古希腊天文学家认为是正是它和太阳合在一起，让夏季无比炎热。

令科学界迷惑不解的是，多贡人凭什么会比现代天文学家早几千年认识了肉眼根本看不到的天狼星伴星呢？因此有人大胆猜测，多贡人极有可能是天狼星人留在地球上的后代。“天外来客”千年前隐匿在西非密林？一石激起千层浪，反对者有之，支持者有之，但由于证据太少，多贡人的记忆残缺不全，似是而非，不足以解释生理学、物理学常识，故大多数人对这种传闻不置可否。

外星人在地球留下后代的传闻还有很多，比如运用神秘力量建造金字塔的古埃及人，知道月球背面图案、掌握天文学知识的玛雅人，世代严密防守地下千里隧道的南美蓝色印第安人，中国四川广汉的三星堆人等。

Part2 第二章

美国保存外星人尸体

美国空军上尉巴金斯和上校克哈姆声称，他们那天在墨西哥境内亲眼看见美国军方秘密收回一架坠毁的飞碟。

1950年12月7日，空军上尉巴金斯和上校威廉·克哈姆因为一次偶然事件，在美国与墨西哥边境地区亲眼看到了美国军方的一次秘密行动，一队戒备森严的部队在该地区收回一架坠毁的飞碟。据后来媒体报道，军方的这次秘密行动还带回一具外星人尸体，并把它连同飞碟残骸一起运到军事基地。

美国人巴利先生说："新墨西哥州空军基地曾在1954年秘密运来两具外星人遗体，他们身高1.1米，脑袋比人类稍大，鼻子是一对很小的凸起，耳朵也很小，没有耳廓。后来，这两具遗体被军方秘密转移到东部一个医学中心，对其进行解剖分析。我手里有相关资料，有朝一日将公之于众。"巴利还猜测，电影《第三类接触》里外星人的形象绝非电影公司创作的，而是参照了那些遗体，剧情70%也是真实的。遗憾的是，巴利还没来得及公布相关资料就死于一次意外，世人对他所说的秘密将信将疑。

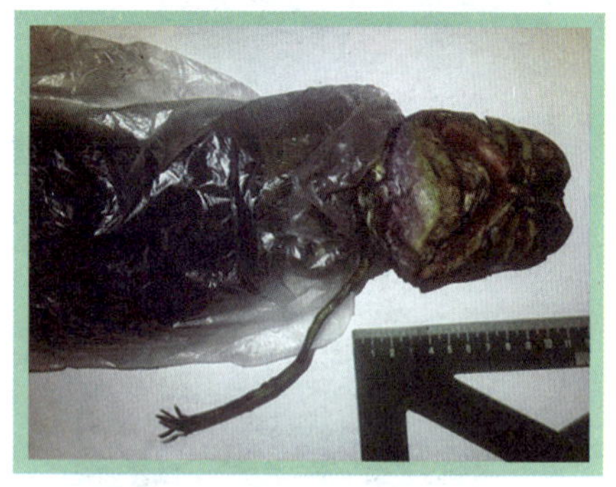

1989年11月底，美国核物理学家斯通·弗里德曼爆出惊天秘闻：在俄亥俄州的帕德森空军基地的某个地下室里，至今仍保存着4具外星人尸体，它们已躺在那里42年了。时任总统杜鲁门曾下密令，对4具尸体进行防腐

处理，待日后研究。弗里德曼年轻时曾参与了处理坠毁飞碟和外星人尸体工作，他说，4 个外星人个子矮小，全身皱纹，皮肤呈深灰色。弗里德曼最后说，他相信那 4 具外星人遗体和那艘坠毁的飞船残骸仍躺在空军基地的地下室里，每年只有极少数国防部技术人员或武器工程师获准进入，其他人等一概不许接近。

知识小链接

截至目前，有很多曾在秘密部门工作过的美国人声称，美国政府和军方的确保存着一定数量的外星人遗体与失事的 UFO 残骸，但美国官方从未正式承认过，反而批评媒体为了吸引公众眼球故意制造耸人听闻的事件和离奇荒诞的故事。

还有件事是帕德森空军基地保存外星人遗体的又一力证：1959 年，有位曾在帕德森基地工作过的 G 夫人在病重时向 UFO 研究者威廉透露，1947 年，她在值夜班时，和一个名叫惠勒德的医师聊了起来。他忽然神秘地说，让 G 夫人看一件绝对使她惊讶的事物。他从一间地下室拿来了用化学剂和冰块保存着的两具小矮人，它们身高 1.3 米左右，两只眼睛又黑又大，像是黑色玻璃做的。G 夫人大吃一惊，想起几年前疯传的外星人事件，她立刻意识到这就是传闻中的外星人遗体。惠勒德见收到了预料中的效果，得意地收好，重新将两具遗体放回原处，反复叮咛 G 夫人不要泄露。

熟悉 G 夫人的人都知道她是一位虔诚的基督徒，为人正直善良、坦诚可信，她所说的秘密绝非空穴来风，肆意杜撰。记者问她，为何要泄露保守了十几年的秘密，G 夫人坦诚，自己时日不多，不怕美国政府的惩罚。7 个月后，G 夫人去世，也带走了那个惊天秘密。

Part2 第二章

苏联拯救外星婴儿

1983 年盛夏的一个晚上，索斯诺夫卡村响起剧烈的爆炸声，紧接着苏联军警和边防部队进入该地区，还带走了一些金属残片。

索斯诺夫卡村位于苏联加盟共和国吉尔吉斯斯坦境内，7 月 14 日晚上 8 点左右，一个火红的发光球在该村 100 多米高的上空中爆炸，天上闪耀着紫红色的光芒。村民们异常恐慌，纷纷从家里走出，查看发生了什么事。这时又响起一阵爆炸声，天色渐渐暗下来，村庄和群山又恢复了往日的宁静。

第二天凌晨，村名们惊讶地发现，这里聚集了无数的军警，还有扛着摄像机的媒体记者。当时是冷战时期，苏联国防部高度关注爆炸事故，命令几万边防军密切关注边境事态。军警们很快在山村的一片空地里找到了爆炸源，那里冒着烟，地上是烧焦的灌木和一些金属碎片。据参与搜寻的一位退役军官说，燃烧的

残骸是一个直径约 30 米的飞碟，残骸中还有两具人形尸体，想必是飞碟乘客。

苏联方面对这次传闻置之不理，既不肯定，也不否认，只是将现场严密封锁，不准任何人出入，尤其是闻讯赶来的各路媒体。

一位牧羊人向军警报告，他在另外一个地方看见一个奇怪的金属物体。军方立刻赶到那里，只见有个椭圆形的金属物，长、宽、高分别在 1.5 米左右，下方还有粗而短的“支脚”，上面有一扇紧闭的门，缝隙极细，制造十分精致。这个物体还设计有反推力装置，显然是为了降落时缓冲巨大的冲击力。

知识小链接

2007 年 5 月，一位墨西哥农民捕获了一名外星婴儿，当时婴儿沉在陷阱中，发出呼救声。出于恐惧，他先后三次将婴儿溺死。三个月后，农夫被烧死在汽车里，他的妻子于 2010 年将婴儿遗体移交研究机构。2011 年 4 月，墨西哥公布了遗骸照片，此事在欧洲和美洲地区引起轩然大波。经德国《图文报》调查，这是一个彻头彻尾的骗局，遗骸不过是一只剥了皮的猴子。

军方在确认里面没有炸弹后，小心翼翼地打开了金属物，里面居然是一个熟睡的男婴。他很像地球人，但又和普通男婴不同。人们立刻向金属物体内输入氧气，后用直升机将金属球运到著名的伏龙芝军事研究中心。

面对好奇的记者们，上校接受采访时说：“各种迹象显示，一架失事的宇宙飞船坠毁在这里，紧急时刻，飞船向空间释放了金属球体，以确保里面婴儿的安全。金属救生舱平稳着陆，外星人男婴没有受伤，可见外星人的科技多么发达。”

婴孩先在伏龙芝医学院接受检查，后送到阿拉木图市的一家儿童医院，由专业医师进行护理。虽然医学专家们付出了爱心和辛苦，但婴孩最终还是死于严重的感染，在地球上活了 81 天。

曾照料过外星婴儿的哈伊尔医生说："他和地球婴儿很像，不过手指和脚趾有蹼，这说明这类外星人能在水里生活；他的眼睛是奇怪的紫色，肌体结构和人类一样，只是脉搏较慢，心脏较大；他的大脑活动十分活跃，或许他有心灵感应或图像遥感能力；他长时间不吃东西，从未哭过。"一位护士说："婴儿没有头发、睫毛和眉毛，也没有眼睑，睡觉时睁着眼。他像昏迷着躺在床上，一动不动，也不发声。面对这种情况，医生们束手无策。也许他已感知到父母已亡，而自己又在一个陌生的环境，很不开心。"

第三章

神秘力量

几百年来，人类以为世界万象万物都遵守着一定的法则和规律，而科学能诠释所有的自然现象。人们通过计算空气动力学，实现了空中飞行；掌握了生理知识，能治疗各种疾病；了解了万有引力，揭开了宇宙星系间的奥妙；发现了进化论，知道了生物起源和人类进化……人类在为自然科学所拥有的伟大力量感到欣喜的同时，也惊讶于有些自然现象超出了人类的认知，我们有限的知识不足以解释超自然现象。

Part3 第三章

通古斯大爆炸

通古斯河位于俄罗斯西伯利亚中部，贝加尔湖西北800多千米处。这里曾于20世纪初发生过一次骇人的大爆炸。

1908年6月30日早上7点17分，西伯利亚发生了一次超自然事件，一个发着强光的高速飞行物在通古斯地区上空爆炸，巨大的爆炸声在直径约400千米的范围内都能听到。爆炸产生的蘑菇云直冲云霄，数百千米外的人都能看到。各地的地震检测仪指针乱跳，方圆千里范围内都能感觉到大地强烈的震动。西伯利亚的天空一片昏暗，漫天的黄云延伸到欧洲东部，一直持续了几天。

爆炸释放的能量超过1500万吨TNT当量，相当于广岛原子弹的1000倍！爆炸过后，该地区几千平方千米的森林被荡平，或烧成灰烬，或成片倒伏，至少30万棵大树呈辐射式死亡，几百平方千米的永久冻土地带变成了沼泽，爆炸区域的土壤莫名其妙地有了磁性。后来的研究显示，这里的植物生长缓慢，动物基因发生变异，或变大或畸形，显然是遭受核辐射的结果。

通古斯大爆炸是什么引起的？100多年过去了，科学家们仍未解开这一世纪之谜。有人认为是小行星或陨石撞击地球，反对者认为陨石撞击地球根本不可能产生持续几十年的核辐射。二战后，苏联核物理专家卡萨耶夫到日本访问，见到了遭到核弹袭击后的广岛和长崎惨相，立刻联想到了通古斯地区很可能是原子弹爆炸。可当时是 1908 年，人类还没有掌握制造原子弹的技术，自然界虽富含铀矿和钚，但根本达不到爆炸纯度。

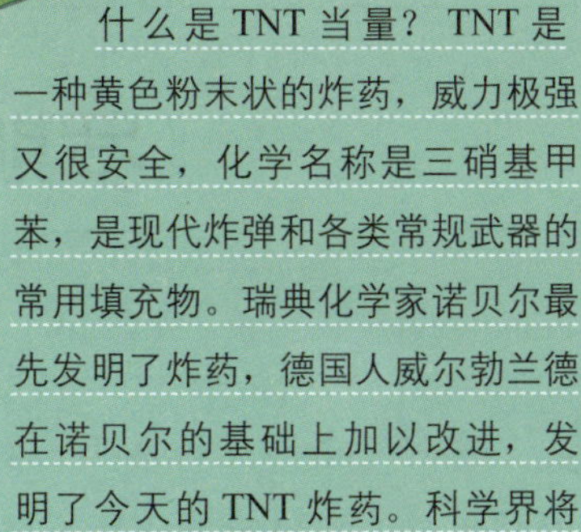
知识小链接

什么是 TNT 当量？TNT 是一种黄色粉末状的炸药，威力极强又很安全，化学名称是三硝基甲苯，是现代炸弹和各类常规武器的常用填充物。瑞典化学家诺贝尔最先发明了炸药，德国人威尔勃兰德在诺贝尔的基础上加以改进，发明了今天的 TNT 炸药。科学界将原子弹爆炸产生的能量用 TNT 代替，通常是“吨当量”。

卡萨耶夫不仅是一位物理学家，也是一位想象力丰富的科幻爱好者，他大胆猜测，神秘的通古斯大爆炸是一艘失事的宇宙飞船引起的！它的直径约 1000 米，掌握地球人望尘莫及的核技术，拥有超乎想象的能量。正是这些核物质发生爆炸，导致几千平方千米的森林瞬间毁灭，并给该地区带来长久的核辐射。

“外星船爆炸”说能很好地诠释所有超自然现象，吸引了民众的强烈兴趣，也不用费尽周折地去调查研究事件真相，不愧为最好的解释。但问题是，这是科学的态度吗？哪些证据显示这是外星人的飞船？

尽管以上问题没有一个得到过圆满合理的诠释，但一向科学严谨的物理学家卡萨耶夫一生都在宣讲“外星船爆炸”说，至死不渝。

■ Part3 第三章

罗斯威尔真相

窗外下着罕见的暴雨，农场主麦克·布莱索紧搂着害怕的儿子，不停地安慰，同时担心地望着外面，不知农场的羊群怎样了。

1947年7月4日夜，美国新墨西哥州的罗斯威尔地区正下着暴雨。布莱索在不停地安抚害怕雷声的儿子，儿子在轰隆隆的阵阵雷声中入睡，布莱索刚要歇息，忽然听到一声巨响，比雷声更响百倍的爆炸声。“我的上帝，发生什么可怕的事了？”惊恐的布莱索猛地坐起，但他不敢出去查看。

第二天一早，风停雨住，周围恢复了往日的平静，布莱索立刻出去查看他的羊群。在农场400米附近的田野里，他看见许多金属碎片，周围是一片烧焦的草地。7月6日，布莱索带着金属碎片来到罗斯威尔小镇，交给当地警长。警长立刻向军方报告，询问是否有国防部的飞行器坠落。7日，布莱索领着空军少校马歇尔和另一名军官来到发现碎片的现场，随后用一辆卡车将一大堆东西运回基地。

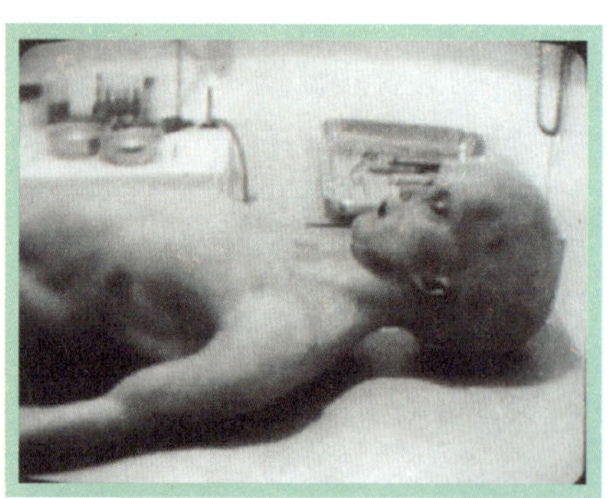

7月8日，一位名叫格拉迪的建筑师

在距离布莱索农场 5 千米的地方发现了一个金属飞碟状残骸，直径有 9 米，外壳裂开，有几具尸体散落在外面的空地上。这些尸体很瘦小，身高 1.1~1.3 米，体重只有 18 千克左右，大脑袋，大眼睛，小嘴巴，看不到耳朵，穿着紧身的银灰色连衣裤，衣服材料有金属质感。军方接到报告后立刻进驻该地，封锁现场。

知识小链接

罗斯威尔事件扑朔迷离，是一起争议 60 多年的“罗生门”悬案，相关方至今没有一个详尽、确切的说法，科学界的观点呈两极化：一方认为确有其事，一方认为是美国军方阴谋。全世界 UFO 爱好者把罗斯威尔小镇当作“圣地”来顶礼膜拜，当地借此东风，建了“外星人”主题游乐园，吸引世界各地的游客前来旅游。

美军起初并没有保密意识，公关部的豪特上校向当地 4 家媒体透露了新闻猛料：军方在罗斯威尔镇的西北部发现坠毁的飞碟和外星人遗体，现已将坠落物移送到俄亥俄州帕德森空军基地。这则消息迅速传遍全美，后传遍全球，引起极大轰动。

豪特上校很快受到军方高层的严厉批评，并责令其向媒体道歉，根本没有所谓外星人飞碟坠落地球事件，他的发言是开玩笑的。随后，罗杰·瑞米将军负责处理此事件，他交给马歇尔上校一些气象球金属碎片，紧急召开记者发布会，否定了先前豪特“不负责任”的发言，再三声明，军方根本没有发现所谓的坠毁飞碟，更没有所谓的外星人尸体，坠落物不过是国防部正在测试的一个能在雷雨天气执行任务的气象球，那些外星人尸体其实是橡皮做的，用来测试飞行弹跳的假人。

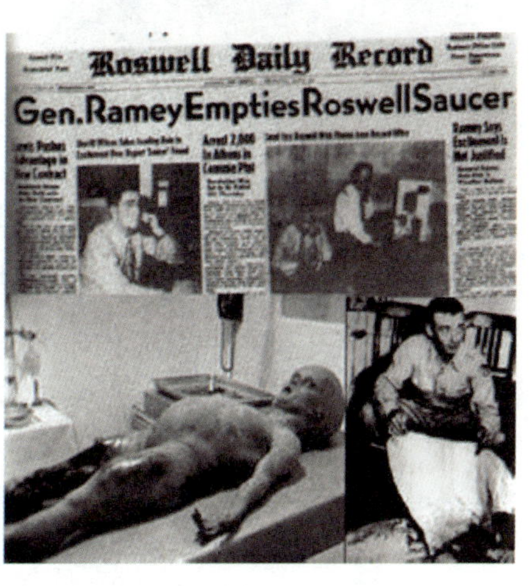
Roswell Daily Record
Gen. Ramey Empties Roswell Saucer

媒体很快澄清了先前的报道，美国

民众刚刚涌起的外星人话题热潮很快退却，一场风波就此平息。

事情还没结束，由于军方两次发言截然相反，第一次发言是一位低级军官，他是第一时间的消息播报员，可信度较高，而国防部那帮狡猾的政客可信度很低，美国民众和世界舆论更相信起初的发言内容，而怀疑后来的解释是加工过的谎言，目的是为了隐藏事件真相。

后来，当媒体记者绕过政界和军方，去采访第一现场相关人员时，他们的说法或者与军方的发布会相似，或者闪烁其词，顾左右而言他，从不承认坠毁的UFO和外星人遗体，媒体怀疑，他们都遭到军方恐吓，目的是永远深藏罗斯威尔真相。

Part3 第三章

石球来源之谜

1936 年，美国人乔治·琪坦在北美洲南部的哥斯达黎加考察时，在一片人迹罕至的热带雨林里无意间发现了 200 多枚巨型石球。

乔治·琪坦是美国联合果品公司的工程师，负责标定地界，绘制地图。他在哥斯达黎加的密林深处发现了大约 200 枚保存完好的巨型石球。这些石球小的直径 2~3 米，大的有十几米，最大的一个直径为 37 米。这些石球最轻的也有 8 吨，最重的超过几百吨，另外在加拉卡地区也发现了 3 处石球群，一处有 45 枚，一处有 15 枚，另外一处有 17 枚。它们有的排成弧线，有的是直线，有的排列成不规则的形状。石头是坚硬的花岗岩，相信雕刻起来非常困难；石球曲率小于 0.01，几乎是一个完美的球体，雕刻师不仅要具备高超的雕刻技能、精密的测量仪器、异常坚硬的加工工具，还要掌握一定的几何知识。否则，难以完成这项不可能的杰作。

越研究越会觉得不可思议：附近的土著人不乏能工巧匠，能修筑宏伟的神庙和豪华的宫殿，但也不可能制作出如此精致的石球。因为打磨石球要不停地转动，而这些石球重达几十吨，甚至百吨，古代人仅凭原始的设施和简单的工具就能轻易玩转这些巨石吗？科学家们想了一百个理由，也解释不通其制造过程和原理，这些石球也被列为“世界十大未解之谜”。

研究者在调查了该区域后，发现这里根本没有花岗岩石头，那么制造巨石球的原料从何而来？是在其他地方制成后运到这里的，还是将石料运到此地后再制作？哥斯达黎加三面临海，古人是如何渡过茫茫大海运来巨石或石料的？他们是如何做到的？难道使用了人类想象不到的工具？制作这些石球有何目的？石球的排列形状是否蕴含深意？没有人能解释任何一个问题，巨石球之谜似乎永远也解不开。

知识小链接

1968年，美国化石专家米斯特在犹他州的一个岩石山上发现了一块化石，上面居然有一只穿着鞋的人形脚印，旁边还有一个孩童的脚印。据科学家鉴定，这个化石至少形成于3亿年前，难道那时就已有了人类？

有科学家猜测可能是临近的墨西哥火山“制造”了这些巨石球。火山炽热的高温形成了圆球，然后火山内强大的压力将这些石球“吐”到数千千米之外；也有人戏称，这些石球也许是力大无穷的外星人的“玩具”。关于巨石球的解释还有很多，但无一可信。

当地印第安人世代与这些石球为伴，早已见怪不怪，并且对这些石头充满敬畏。他们还说，原来还存在更多、更大的石球，由于压力太大，地表泥土承受不住巨石球的压力，经过长时间的下沉，一些较大、较重的石球陷入地下。印第安人的宗教和神话传说认为，是几万年前的宇宙人制作了巨型石球，他们按照星系的排列顺序摆放了石球，有朝一日将会作为参照，重返地球。

Part3 第三章

麦田怪圈何人所为

1647年，英国首次发现麦田怪圈，在接下来的几百年间，世界各地相继发现无数的、形态各异的怪圈，且没有哪两个完全相同。

1987年，英国肯特郡的麦田里再次出现一个神秘的、巨大的同心圆。两圆相距2.68米，大圆直径为15.38米，内圆为顺时针方向的漩涡，外圆则为逆时针。这是英国境内几百年来发现的又一个麦田怪圈，吸引了来自欧洲各地的无数好奇者前来参观。人们在欣赏美妙图形时，情不自禁地要问，是谁制造了麦田怪圈？制造的目的何在？又是如何设计出玄妙的图案的？图案蕴含着什么深意？

直到20世纪50年代，英国境内频频出现的麦田怪圈引起了政府的关注，当局命令有关部门秘密调查怪圈是如何形成的，并查出他们制造怪圈的目的。但令当局失望的是，两年多的查访工作毫无头绪，没有任何证据显示是“人”制造了麦田怪圈。

有一件事却引起了英国官方的注意：1966年1月19日，在大洋洲的澳大利亚昆士兰州，当地报告了一起UFO事件，有农民目睹了一架飞碟悬浮在空

中，之后人们发现那片草地出现了一个巨大的顺时针方向圆形图案。

这起事件激发了人们的想象力，是外星人创造了造型别致的麦田怪圈图案。

有专家研究过上百起的麦田图案后认为，这些图案想象丰富、设计合理，有些对称，有些不对称，有些看似简单，实则比例精细，奥妙无穷，其内部含有复杂的比例图形，极为深奥，就算一流的艺术家，也设计不出如此协调、美观的图形。

有人认为是龙卷风制造了麦田怪圈，因为英国每逢春夏之际就会频频爆发龙卷风。强劲的风力能在一夜之间造成麦田大面积伏倒，但是怎么可能留下美轮美奂的图形呢？有人怀疑是农夫们乘着夜色制造了麦田怪圈，他们这么做纯粹是恶作剧。研究人员组织了几十位壮年男子，按照原先设计的图形践踏麦田，根本达不到整洁的效果，现场留下乱糟糟的脚印，和麦田怪圈相差太远。最终，研究者认为，没有人能一夜之间不留痕迹地制造出麦田怪圈。

知识小链接

欧洲发现麦田怪圈到现在已将近370年，从那以后世界各地不断涌现造型各异的麦田怪圈，遍及澳大利亚、南北美洲、非洲、亚洲等地，细心的研究者发现，拥有最广小麦种植面积的中国在几千年间却从未发现过这类异象，而临近的日本、印度近代却屡次出现，这是为什么呢？

令人迷惑不解的是，在麦田怪圈内，一切仪器会失灵，手表停止；农夫的收割机会自动熄火，甚至会爆胎；附近的磁场会发生异常，几个月后才会恢复正常；电池一进麦圈会立刻没电，摄像机、照相机会失灵，液晶显示屏出现故障，甚至永久损坏；手机进入麦圈会收不到信号，飞过麦圈上空的飞机发动机会出现暂时故障……

生物学家惊奇地发现，麦田怪圈里的农作物在显微镜下观看时，其晶体结构发生变化，DNA发生变异。面对田里不断出现的怪圈，农夫们欣喜不已，原来图案形成后，小麦并没有被折断，只是植物的生长方向有细微的改变，被压弯的麦子依然可以生长，而且产量会提高40%。

研究的矛头指向了地外智慧，大多数民众相信：麦田怪圈是外星人的杰作，是他们随手涂鸦的创作。持此观点的人说，或许这是外星人留给地球人的信息，抑或是他们的文字，只有读懂了图形的含义，才能和外星人沟通、交流。

麦田怪圈之谜始终无法被揭开，最主要原因是缺乏公开、详细的研究资料，遍布世界各地的怪圈图案往往是短暂的现象，人们不能将其保存，也无法对其进行长期的研究分析。再者，麦田怪圈仍属边缘学科，像UFO和外星人一样，只有民间爱好者在研究，各国官方并没有表现出浓厚兴趣，而是在秘密地调查事件真相。总之，人类现有的科技和认知还不足以解开麦田怪圈之谜。

遗失的记忆

全球发生过多起地球人被不明生物劫持、绑架的事件，被劫持者往往想不起那段时间经历过什么，他们的记忆似乎被删除了。

阿兰·格德菲利是英国约克郡陶德蒙顿镇的一名警官，他曾经有过一段奇妙的经历。1980年11月28日凌晨，33岁的格德菲利驾着警车正在小镇西北面的邦利街巡逻，这时，他发现前面不远处飘浮着一个闪着蓝光的球形飞行物，球体看起来由金属构成，上面部分静止不动，下面部分快速旋转，旋转时没有一点声音，只能听到吹动街道两旁的树木的声音。格德菲利大为惊讶，立刻停下车用无线电呼叫警察局，可这时车载电话莫名其妙地失灵了，于是他取出笔和记事本，强作镇定地将那个球形发光体画出来。刚画了几笔，他发现已经熄火的汽车悄然无声地向前移动了100多米。格德菲利大为恐慌，急忙启动汽车倒回原位。等他再次注视前方时，发光球早已不见踪影。

格德菲利马上驱车赶回警察局，向上级汇报此事。几分钟后，格德菲利带着同事们和警长再次赶到现场，发现雨水将周围的地方浇湿了，唯有一片草地非常干燥，呈漩涡状，正是光球悬浮的位置。

同事们搜集了相关证据，警察局开始着手调查此事。据悉，当时还有1位学校管理员和4名警察也注意到了附近确实出现过发光物，明亮的光照耀着附近的街区，但他们并没出来查看。格德菲利的描述是真的！他的确遭遇了不明飞行物。

调查人员无意中发现，格德菲利大约有20分钟时间内，不记得发生了任何事，他莫名其妙地“丢失”了部分记忆。

知识小链接

人的记忆能删除和复制吗？科学家利用仿生学，模仿大脑的工作模式，设计、发明了计算机。科学家们相信，随着对大脑脑电波的研究，人类未来将掌握删除、恢复大脑记忆的技术，也许在未来，小朋友们将不必为学习知识而辛苦，只要将智慧复制到大脑里，就拥有像爱因斯坦一样的大脑。

为了调查这20分钟内到底发生了什么，英国UFO专家兰德尔斯女士请来了两位著名的催眠师布莱尔和贾费，他们是精神分析领域的专家，希望通过催眠来激活格德菲利意识深处的记忆。

在布莱尔和贾费的帮助下，格德菲利被催眠，并断断续续地回忆起当天的经历：“我正在记事本上画图，一道强光将我吸进房间。一个戴圆帽、穿白衣的高个子男人和8个小矮人围在我身边。小矮人头像电灯泡，眼是一条横线。高个男人嘴唇不动，却能清晰说话……”

“他摸着我的头……我什么也看不见了……我的手臂上有手镯，很凉很紧……他们在为我量血压……我的鞋袜被脱下……不知哪个家伙在数我的脚趾……哎哟，手镯越来越紧，感觉糟透了……一股讨厌的臭味，像硫黄气体……我眼前一亮一暗，似乎有灯在不停闪烁……”

布莱尔和贾费根据格德菲利的描述，断定他接受过陌生人的“体检”，然后绑架者用某种神秘的力量删除了他的记忆。

扎科帕内事件

波兰南部城市扎科帕内有两位目击者声称遭遇了UFO，一位是水电站工人乔瑟夫·柯伊斯，另一位是警察安东·斯兹雷德。

1980年1月17日早晨6点，在水电站值夜班的乔瑟夫·柯伊斯正等着同事来交接班，6点07分，他忽然发现一个24瓦蓄电池灯熄灭了，然后220瓦的灯也灭了。电站从未发生过这类事件，柯伊斯立刻拿起手电筒，可手电筒也无法拧亮。周围黑乎乎的，他蒙了，明明听到机房的水轮在急速飞转，发电机也在正常工作，可就是没电。

柯伊斯后来回忆说："当时电站骤然变得一团漆黑，窗外有个巨大的橙黄色圆球朝我飞来。它异常明亮，屋里的电线也能看得一清二楚……那个光球停留在水电站100米高的上空，它一边向前移动，一边像探照灯一样向下发射出耀眼的光芒，光束在地面上射出一个直径50~70米的圆。圆球在空中缓缓移动着，后来渐渐消失在山的那一边，水电站一切又恢复正常。"事后，柯伊斯立刻向当地警局汇报了该事件。

柯伊斯不知道，几乎与此同时，在离水电站60多千米的扎科马内市中

心，有一位警官也目睹了一个奇怪的飞行物。6点05分，正在执勤的安东·斯兹雷德警官来回踱步，不停地搓揉着手，呼着热气，以让身体感觉暖和点。这时，他忽然发现不远处的塔特里山的上空有个明亮的物体在移动，那亮点忽上忽下，忽合忽分，摇摆不定，像是在调皮地玩游戏。安东仔细观察后，才看清那是两个倒扣在一起的发光体，相隔很近，也很对称。两个光点交错飞行，反复移动，最终停留在斯维尼卡山的上空。安东忽然想到了什么，立刻跑回警察局取出照相机，后匆忙登上三楼的阳台，在50分钟的时间内连续拍摄了许多照片。7点10分，东方发白，朝霞映红了天际，两个光点突然加速，向西直飞而去。

知识小链接

20世纪80年代处于“冷战”时期，同为华约军事集团的波兰和苏联是盟友。波兰政府曾将这起UFO事件和相关照片递交给苏联专家，苏联研究者认为那个发光物不是地球物体，也非自然现象，具体是何物，以现在的科技无法解释。扎科帕内UFO事件真相后来不了了之，查无下文。

柯伊斯的汇报和安东拍摄的照片被同时上报到波兰的有关机构，科学家们一筹莫展，不知这是什么东西，也不知两名目击者看到的是否属于同一个发光物。

7万人见证奇迹

10月13日，是“玫瑰圣母”显圣系列的最后一次。当天，从欧洲各地赶来的虔诚的天主教徒、基督徒聚集在法蒂玛小镇，一起见证圣迹。

1917年5月13日，在葡萄牙首都里斯本东北150千米的法蒂玛小镇，三位牧童桑托斯、马尔托和路济亚在牧羊时，在一棵树下遇到了一位自称圣母的漂亮女子。圣母让孩子们每个月的13日来到这棵树下，她要讲一些奇妙的事。在随后的4个月里，三个牧童每期必至，来聆听圣母的教诲。圣母告诉他们，她将在10月13日在法蒂玛小镇显身。

路济亚把圣母显圣的事告诉了法蒂玛镇的一家报社，消息迅速传遍全国，虔诚的天主教徒和基督徒，以及多家新闻媒体争相赶来，以在10月13日见证圣母显圣。

知识小链接

“玫瑰圣母”在那棵树下向三位牧童讲述了三个秘密：残酷的地狱景象，一个地下巨大的火海。俄罗斯将基督化，苏联将覆灭。第三个秘密据说是由一家小报随意杜撰，并非出自路济亚本人。该秘密宣称世界末日将近，听上去很荒唐，更像是邪教组织欺瞒信徒的管用手法。

10月13日，法蒂玛镇的山谷挤满了全国各地的朝圣者，大约有7万人。当时天降大雨，人们举着伞静静地守在雨中。路济亚劝人们拿开伞，昂头注视天空。奇迹出现了，大雨骤停，云层拨开，露出了太阳。一个像珍珠般的圆盘旋转着冲破云层，放射着夺目的光芒。圆盘转速很快，越来越大，朝地面飘落，似乎要压着人群。人们惊呼，以为太阳从天上陨落，广场上立刻跪下一片，虔诚的人们泪流满面，纷纷顶礼膜拜。这时，眼看就要坠地的圆盘忽地直升上天，旋转着回到原先的位置，最后朝着太阳飞去，越来越小，最终不见。回过神来的人们才发现刚才湿透的衣服和脚下的土地转眼间变得干爽清洁。

读者会不会以为这又是离奇的宗教故事呢？答案是否定的，因为见证这一奇迹的有7万人，葡萄牙科学家、柯英拉大学的物理教授阿尔梅·加勒特当时也在场。教授如此描述当时的情境：“一个轮廓清晰的乳白色圆盘，在云层上放出夺目的光芒，然后开始旋转起来，渐渐加快，从乳白色变成血红色，人们目瞪口呆，一些胆小者闭上了眼睛不敢看。红彤彤的圆盘直坠人群，几乎要把他们全压碎了。此时，7万人齐声惊呼，以为世界末日到了。突然，它又神奇地直升天外，顺着降落的轨迹飞走了。真是想

不明白，这是什么物体，会悄无声息地显身又隐身？”加勒特是虔诚的天主教徒，但也是位博学的物理学教授，他的专业知识和科学态度是举世公认的，“10·13”超自然现象有一定的可信度。

数万人共同目睹飞碟，见证奇迹，而且是早有预见，这种现象实在不多见。发生在法蒂玛小镇的超自然现象究竟是怎么回事？“玫瑰圣母”预言一说可信吗？难道是7万人同时出现幻觉？今天的科技一日千里，可仍没有人能揭开其中奥秘，“10·13”显圣事件更像是真实的天方夜谭。

Part3 第三章

“泰坦尼克”沉没新说

DISCOVER

除了不明飞行物UFO，世界上还有一种被称为USO的东西，即水下不明飞行物。最新证据显示，巨轮“泰坦尼克”很可能是被USO击沉的。

1912年4月14日深夜11点30分，豪华巨轮“泰坦尼克”号的腹部出现一个大裂口，两个半小时后，这艘被称为“海上巨无霸”的邮轮沉没于大西洋3000米深的海底，她华丽的处子秀成了和世界告别的航行。这次沉船事故造成1500人死亡，是人类有史以来最惨重的海难。

“泰坦尼克”的沉没震惊了世界，人们都认为是轮船航速过快，无意中撞到了冰山，最终导致悲剧的发生。但近几年，随着水下机器人的探索研究，又有一种新的观点浮出水面：“泰坦尼克”是被不明飞行物击毁的。

1985年，英国皇家海军舰艇工程师雷蒙德·塞茨尔联合国际专家组对沉睡在大西洋海底 70 多年的“泰坦尼克”进行了科考，他们在轮船的右舷发现了一个直径 90 厘米的圆洞，洞边缘切割整齐，异常光滑，没有人工打磨的毛边，更像是高温熔化而成的。以 20 世纪初的工业技术，很难想象能达到这样的效果。圆洞显然不是冰山撞击的，那它是如何产生的？它是造成船毁人亡的罪魁祸首吗？

知识小链接

激光束能击穿钢板吗？最近美国海军宣布，将首次为一艘战舰配装激光武器，这种激光炮可轻松击毁无人机和各类舰艇。美国海军解释说，每发射一次激光束，成本不到 1 美元，这将是改变战争的重要武器，具有里程碑意义。

专家组经研究后，一致认为圆洞是由一种功率超乎想象的激光束打穿的。当时英国并未和任何国家交战，德国和英国关系不良，但德国军舰不可能掌握激光束武器。据海难幸存者回忆，当晚他们曾看到在大海上漂浮着一些奇怪的“鬼火”，这些“鬼火”在附近海域飘忽不定，移动速度极快，由于隔着太远，无法看清到底是什么东西。在附近海域巡弋的“加利福尼亚人”号的船长罗尔德也证实了这个说法，那晚他在该海域也的确看见了奇怪的发光物。其他船员也十分肯定地说：“我们亲眼目睹了那艘诡异的‘幽灵船’，只不过它出现不久后，很快就消失在大海深处。”

直径90厘米的圆洞，附近游荡的USO，专家组自然联想到了外星人，难道是拥有高等文明的外星人或神秘的海洋生物袭击了“泰坦尼克”？有人猜测，是那个神秘的“幽灵船”——USO发射的激光束击穿了巨轮，然后巨轮快速向右侧转弯，撞上了冰山，最终沉没。“肇事者”USO还在附近观察了一番，然后悄然沉入海底。

虽然没有充足的证据证明是外星人或不明生物用他们恐怖的武器击沉了“泰坦尼克”，但也没有人能解释当晚海面上发生的怪异现象，还有那个令人望而生畏的圆洞。

Part3 第三章

失踪战机重现湖底

20 世纪 50 年代，一架美国 F-89 战机对不明飞行物进行拦截，当飞机经过湖面上空时忽然消失。53 年后，有人在 150 米深的湖底发现了它。

1953 年 11 月 23 日下午 5 点 50 分，美国密歇根州的金罗斯空军基地的雷达屏幕上忽然发现一个大型不明飞行物，该飞行物正在禁飞区航行。美国空军立刻发出紧急命令，命战斗机升空追击。18 点 22 分，一架 F-89“蝎子”战斗机升空追踪，执行命令的是飞行员菲利克斯·蒙科拉和雷达监测员罗伯特·威尔逊。

F-89 战斗机在 10,000 米的高空中飞行几分钟后下降至 2000 多米，于苏必利尔湖附近渐渐接近那个正在缓慢飞行的不明物体。基地雷达显示，两者此时距离只有 16 千米，立刻命令 F-89 加速超过不明飞行物，然后转弯拦截，若警告无效后，可将其击落。指挥命令刚下，地面雷达显示 F-89 和那个飞行物迅速融为一体，两个光点瞬间消失。

“见鬼，两机相撞了！”这是地面监测站的第一反应，军方立刻通知苏必利尔湖附近的国民警卫队，前去救援。美国军方随后赶到出事湖面，和国

民警卫队联合搜救了五天，几乎搜遍了五大湖，没有找到任何坠机线索，最终军方只得宣布放弃继续寻找 F-89。

失事战斗机哪里去了？是飞行员操作失误，导致坠机吗？航空专家排除了这个猜想，菲利克斯拥有 811 小时的安全飞行记录，是一位冷静熟练的优秀飞行员，操作失误的可能性很小。遭遇不良天气吗？当天晴空万里，湖面风平浪静，天气再好不过……F-89 到底去了哪里？难道就这样无声无息地消失了吗？雷达显示，战斗机似乎在一刹那被不明飞行物一口“吞了”，这个飞行物到底是何方神圣？美国国防部怀疑大型不明飞行物是加拿大空军的 C-47 运输机，加拿大立刻声称，事发当天加拿大没有一架飞机在附近活动。

知识小链接

二战结束后，美国开始淘汰“黑寡妇”夜间战斗机，迫切需要一种能全天候作战的新型喷气式战斗机。美空军要求新机 12 分钟爬升 10000 米，高空巡航速度 845 千米，海平面时速达到 885 千米，作战半径大于 950 千米。最终，老牌军火商洛克希德·马丁公司中标，设计生产了 F-89 战斗机。

两年后，美国空军少校凯霍尔根据掌握的部分信息，写了一部半科幻半纪实性质的书——《飞碟阴谋》，书中首次承认，两年前失踪的F-89战斗机是被地外文明的UFO被击落的！外星人恼怒人类飞行器的跟踪和无礼，毫不留情地干掉了F-89战斗机。因为书中大量使用“可能”“猜测”“由此推断”等词语，而缺少真凭实据，因此更像是一部充满悬疑的推理小说，并未引起军方关注。

50多年弹指一挥间，当世人几乎完全忘记了那场飞机失踪事件后，加拿大“大湖”潜水公司的工程师利用先进的声呐探测系统，找到了沉睡湖底的F-89战斗机。水下机器人的拍摄显示，战斗机的座舱保存完好，机头和左侧翼深埋淤泥，左翼和水平尾翼有缺失。最令人惊异的是飞机的腹部有个大洞，里面还有个十分怪异的物体，很有可能是当初撞击F-89的不明飞行物留下的碎片，也是造成F-89坠落的“罪魁祸首”。

失踪飞机虽已找到，但飞行员不知所终，潜水公司搜遍了附近湖底，也未找到两人尸骨。F-89失踪之谜，仍迷雾重重。

Part3 第三章

神秘的“寂静之地”

墨西哥杜兰戈州的木马皮米盆地，有一片神秘的寂静之地，那里如同物理学中的电磁风暴眼，无法接受任何人类世界的信息。

素有“寂静之地”的木马皮米盆地位于北美大陆的南部，属于墨西哥国家生态保护区。这里经常出现一些神奇的现象让科学家们迷惑不解，至今仍无法解释：这里遍布陨石，经常有流星雨坠落该地；电磁波到了这里就消失得无影无踪；飞机飞过该地上空，导航仪器完全失灵，飞行员经过这里时胆战心惊，如履薄冰；当周围狂风暴雨时，该地区却烈日当空，骄阳似火；这里经常有居民声称目睹了UFO，居民家的牧羊经常生下奇形怪状的羊羔……

地质学家考证，这里在十亿年前是一片汪洋，后来陆地上升，海水退去，成为墨西哥首次见到阳光的陆地。在漫长的岁月里，这里从未有过人类活动过的痕迹，依然保持着原始荒漠的宁静。1966年，这里首次进入了人类——墨西哥国家石油公司的一支探油队在工程师哈利·贝利亚的带领下，进入荒漠腹地。贝利亚与石油公司总部联系时，发现无线电根本没有信号，起初以为是无线电出了故障，并未在意，接着发现携带的收音机、卫星天线等全部失灵。比利亚大为惊讶，他说：“这里如同电磁暴风眼一样，无法接收到任何人类世界的信息，堪称地球上最安静的地方。”贝利亚将这片无名地命名“寂静之地”。

1969 年，英国科学家洛弗尔观测到了一颗流星，它正朝地球方向飞来，洛弗尔开始计算它的轨迹并跟踪。流星进入大气层后剧烈燃烧并解体，其中最大的一块竟然莫名其妙地改变原来的方向，直飞北美，最终坠落在“寂静之地”。洛弗尔大为惊奇，实在想不通那片荒漠有什么神奇的魔力，将流星吸引过去。他虽然没能解释为何陨石改变原有飞行轨迹，但无意中解开了该地为何会有无数陨石的谜团。

知识小链接

20 世纪 70 年代，美国作家詹姆斯·博斯特写了一本书，名叫《神秘的北纬 30°》，书中列举了发生在此纬度上的各种神秘现象，如埃及金字塔、百慕大三角、喜马拉雅山、玛雅文明、中国古蜀地、世界四大古文明等，有上万个令科学界迷惑不解的超自然现象，人类至今无法给予合理解释。

1976 年，墨西哥国家实验室组织了两名资深的核物理专家进入“寂静之地”，其中一位是享誉世界的科学家雷亚·克鲁斯。他们科考的重点是电磁波在这一地区的传播情况。实验结果证明，横波在这里传播很正常，纵波完全被屏蔽，因此导致无线电根本无法工作。他们还发现，这一地区放射性很高，人不能长期待在此处。该发现解释了附近为何没有动物、经常出现畸形羊羔等现象。

随着研究的深入，科学家们发现奇特现象越来越多，除了能解释通部分现象外，更多的则是超自然现象，现代物理学也无能为力。这里的强大磁场导致各种通信工具无法工作，但为何这里磁场独强？有人猜测，这个位置的地核接近地表，从而释放出强劲的磁力；也有人设想，这里可能是外星人的仓库，用来储存宇宙能量……这些只是猜测，并没有经过实验证明，没有任何真凭实据。

Part3 第三章

旧金山魔幻森林

DISCOVER

很多人在游乐场玩过“魔幻屋”，人们在里面头晕目眩，无法站里，行动困难。那是利用特殊的设计给人的视觉错误，而“魔幻森林”则是真实存在的超自然现象。

同样位于北纬30°，美国加州圣弗朗西斯科市的圣塔柯斯小镇，有一片被森林包围的弹丸之地，面积只有几百亩，这里发生的各种奇异现象一度让科学家们怀疑地心引力的存在，也给科学界带来不尽的迷惑。

在“魔幻森林”，有一条坡度很大的林间小道，周围的树木都向一个方向倾斜，行走在小道上，人的身体几乎与道路平行，行人看不到自己的双脚，却行走自如。

在“魔幻森林”的入口处放着两块长50厘米，宽20厘米的石板，

石板间距40厘米。表面上这两块石板和其他石板别无二致，可人一站上去，看上去会立刻变得高大起来，而站在另外一块上，人显得又矮又胖，像极

了哈哈镜，可周围没有任何镜面，两块石板又处于同一水平面。

森林中有一木屋，进入木屋后身体会自动向右倾斜，否则会摔倒，无论怎么努力，都不能保持直立；小木屋有一块木板，无论从哪个方向看，它都是倾斜的，放在上面一个球时，球会向上滚，若将球扔下，球不是垂直降落，而是斜着落下。

知识小链接

2002 年，《简氏防务周刊》爆出惊天猛料：美国波音公司正在进行多个反重力实验，并已取得了重要进展。据悉，和波音公司合作的是一位名叫帕特莱诺夫的俄罗斯科学家，他声称找到了能将物体重力屏蔽开来的方法。另外，美国军方和宇航局也有类似的反重力研究项目。

更神奇的是，游人可以不借助任何辅助工具，轻松自如地走在墙壁上，是真正的飞檐走壁，就连身怀绝技、训练有素的杂技演员，也自叹弗如。

20 世纪 70 年代，美国国防部曾组织过技术人员深入此地调查，他们重点研究了违反地球引力的超自然现象，企图从中获得启发，掌握反重力技术，以用在尖端武器上。但令国防部失望的是，他们的所有工作都是徒劳的，技术人员调查半年，对这里的超自然现象也一头雾水，理不出一丝头绪，不知所然，最终带着满腹疑惑离开了。

Part3 第三章

鄱阳湖沉船之谜

1363年9月，朱元璋率军在鄱阳湖大战汉王陈友谅，最终朱元璋以弱胜强，一举战胜劲敌，取得了统一江南的重要胜利。

“鄱阳湖大战”是中世纪时期世界上规模最大的水战，朱元璋借此一战，建立明朝，开创了历时270多年的大明王朝。近代有学者在研究这段历史时，惊讶地发现，朱元璋的劲敌陈友谅并非败于明朝水军，而是败给了鄱阳湖的某种神秘力量。

鄱阳湖，中国最大的淡水湖，在它的北部有一处名叫“老爷庙”的水域，这里是让所有渔民和过往船只谈虎色变的神秘三角地带，俗称“魔鬼三角”或“阎王湖”。该水域北起星子县城，南至松门山，全长24千米。由于附近湖东岸有个老爷庙，由此得名“老爷庙”。千百年来，有无数过往船只在此处莫名其妙地翻沉，出现过一系列令人费解的现象。

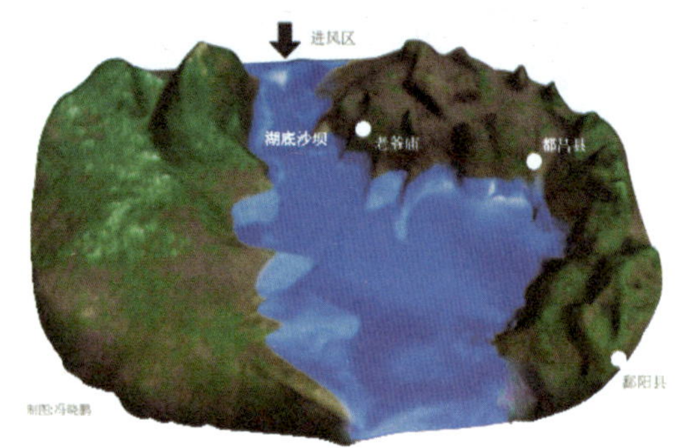

“老爷庙”水域沉船此起彼伏，早已引起历朝历代的统治者注意，这里发生的离奇现象引起人们的猜测。有人称这是湖怪在作乱，1970年夏，有渔民声称，他们在老爷庙水域看到了一个长长的怪物，有几十丈长，像一把大扫把；有的说像条白龙，有爪有鳞；有的说像张开的降落伞，浑身长眼，十分恐怖……

1976年，有人报告称看到一个呈圆盘状的发光物在老爷庙水域上空游动，时间长达十分钟。当地曾将此UFO事件报告给上级政府，但有关部门认为此事是“反革命分子”为了“蛊惑人心”，而编造出来的离奇天象，声讨一阵后作罢。但UFO传闻却在该地区流传开来，附近百姓相信，湖底有神秘“飞碟”，它像幽灵般来回游动，不时袭击过往船只。

知识小链接

一直以来，最令人疑惑不解的是，沉船事故发生后，人们在该水域找不到任何沉船。这里沉入过几千只大小不一的船，但从未打捞过一只上岸。2013年3月18日，经过考古工作者的努力，第一次在有“中国百慕大”之称的老爷庙水域打捞上来一艘失踪沉船。

进入80年代，我国组织科技部门对这片水域进行过长时间的研究，调查了水文、地理、气象、地质等，获得了充足的相关资料，试图解开沉船之谜。

调查显示，鄱阳湖水域有超过500千克的巨型鱼类，这种鱼游速极快，冲击力很强，能轻易顶翻渔民木舟，古代渔民沉船大多是被此类鱼撞翻的。

另外，老爷庙水域水文情况很复杂，赣江中支、南支河汇入鄱阳南湖后，从松门山泄入老爷庙水域，形成几股强劲的水流。大量的水从南湖汇集到此，

水流骤然增大，流速加快，形成湍急的漩涡流，从而加大了该水域的沉船概率。

工程师韩礼贤考察过此处地质情况后认为，此处地下是石灰岩，有多条地下暗河，上方形成混乱的磁场。韩礼贤猜测，正是这些杂乱的电磁场打乱了人的正常思维，还能诱发雷电，从而导致沉船事故。

然而以上科考结果不足以解释诸多沉船事故和超自然现象，国家于近期又成立了科研组，再次对老爷庙水域进行研究，相信随着科技的进一步发展，我们终将解开鄱阳湖沉船之谜。

牲畜被肢解之谜

20 世纪 60 年代后期，美国中部各州农场相继发现有大批的牛马暴尸荒野，到了 70 年代，情形愈演愈烈，高峰期一夜之间就有数千头牲畜惨遭肢解。

美国西部平原于 20 世纪 60 年代发生的牲畜惨遭肢解事件给当地农场带来巨大损失，民众纷纷指责政府不作为，不能解释此类事件真相。

1967 年，住在美国科罗拉多州阿拉莫沙市的刘易斯夫妇发现，他们家的一匹名叫“史奇比”的公马离奇死亡，美国现代史上最令人恐怖的牲畜遭肢解事件就此拉开序幕。刘易斯的邻居称，9 月 7 日的傍晚，他曾见过史奇比在奔跑，没发现异常。但 9 月 8 日的早上，就找不到史奇比了。刘易斯夫妇请了朋友们帮忙寻找，结果在离他们家 3.2 千米的地方发现了马的尸体。令人愤慨的是，史奇比的死状非常悲惨，头部遭受了利刃的切割，伤口极深，直达颈部，肩上肌肉被剔得一干二净，手工再好的屠夫也不可能剔得那么干净，整个马头只剩下一副颅骨架，令人毛骨悚然。

马主人赶到现场，异常气愤，发誓要将凶手绳之以法。可现场松软的土地上没有一个脚印，就连史奇比自己的脚印都没有，不可能是人或某种猛兽

杀害了史奇比。当地媒体报道了该事件，并印发了现场照片。警察局在接到报警后也派了探员前去调查，但调查员也一筹莫展，现场根本没有任何有价值的线索，也不能解释史奇比为何会遭此不幸。

一个月后，科罗拉多州政府对史奇比的尸体进行了彻底检查，根据州立大学的生物和兽医学院医师亚当斯的分析，史奇比右肩应受过严重感染，肩部的确有被切过的痕迹，而且切割刀极为锋利。史奇比的遗骨后来被送到阿拉莫沙市的兽医利里那里，利里研究过史奇比的骨骼后，发现它的骨盆处有一些伤痕和其他地方不一样，显然是弹孔留下的。但那些弹孔和普通弹孔又很不一样，也不能解释肌肉组织被切割之谜。现在，史奇比的遗骨被卢瑟·比恩博物馆收藏，至今仍陈列在博物馆的展厅。

史奇比事件还没结束，美国各地的农场主和牧人纷纷向政府报告，他们的牛马惨遭不幸，或离奇死亡，或被肢解，或少了器官，要求政府彻查事情真相，严惩凶手，杜绝该类事件再次发生。这种事情越来越多，各地媒体将牲畜离奇死亡事件当作新闻头条，配以动物尸体照片，更加深了人们的恐惧。各地农场主跑入枪械店，购买杀伤力很强的枪支，严防死守，保护自己的农场和牲畜。

1974年秋，明尼苏达州一位农夫发现一头奶牛死在田野里，不知谁残忍地割去了奶牛的乳房和生殖器，一只耳朵也不知所终。警方调查人员在牛耳

处发现了一种奇怪的菱形刀口，另有农夫报告，在附近看到过蓝色的发光飞碟，调查人员大胆猜测美国各州出现的此类事件都是外星人惹的祸！

知识小链接

为彻底解开牲畜被离奇解剖事件，美国联邦调查局还成立了专案组，派出特工前往各州农场调查、分析。后来，中央情报局和能源部也加入到这场世纪揭秘战中。然而以当时最先进的各类仪器，加上最顶尖的科学家们的研究，还是没有查出事件真相。

1975年春，得克萨斯州科普拉斯附近，有人看见一个橙黄色的旋转圆盘停留在农场上空，然后射出一道道淡蓝色的光束。接到报警后，州警理查斯迅速赶往现场，发现农场里的一头牛犊被杀，尸体周围被压过的植物呈同心圆状倒伏，像强气流吹过一样。牛犊头颅朝天，身体扭曲，死状极为痛苦。牛舌和内脏被割走，肚脐也没了，只剩下一个可怖的窟窿。令人百思不解的是，牛尸周围没有一滴血。当地人介绍，前几天这里就有一只公牛被杀，周围是烧焦的麦田。理查斯用仪器观测时发现附近受到了辐射，立刻向军方派遣专家前来协助勘察。专家也无法解释为什么事发地点会出现辐射现象，麦田又是如何被烧焦的。有人认为牲口可能和直升机有关，许多农场主也认为牛有从高空坠落的迹象，但牛耳的切口和五脏被掏空与辐射现象又如何解释？难道有人在直升机上解剖公牛后将尸体抛下？

Part3 第三章

消失的人群

无论犯罪嫌疑人如何狡猾，作案时都会或多或少地留下蛛丝马迹，而历史上曾有过多起离奇的集体失踪案，让后人无从查起。

18世纪初，欧洲发生了一起耸人听闻的军队失踪案。1711年，4000多名西班牙士兵在派连民山上安营扎寨，等待援军到来。经过连续的行军打仗，他们疲惫不堪，很快入眠，只有一些战马对着长空嘶鸣。

第二天早上，援军赶来，帐外营火还在燃烧，马匹、军械和大炮也在，但整个营地却静得可怕。难道他们太累了，睡得太沉？援军进入军帐，结果里面空无一人——4000多官兵全部失踪了！

驻地没有一丝搏斗的痕迹，各种器械摆放也很整齐，食物、军需、金银等纹丝没动，4000名士兵没有留下任何线索。西班牙国王下令彻查此事，但查了几个月，没有理出任何头绪。这是世界史上最离奇、人数最多的一桩集体失踪案，被西班牙政府记入史册，白纸黑字的文件向世人诉说着一个令人难以置信的故事。

1915年1月28日，在土耳其的加里波里，阳光明媚，清风和煦，英国诺福克兵团800多人正在向60号高地进攻。士兵们登上高岗，有几团奇怪的云垂直降落下来，静静地笼罩着小山，也将他们罩入其中，几缕耀眼的光芒从云雾中射出。令人惊奇的现象发生了：斗志昂扬的士兵们一个个地走进

雾团，接着就消失在这幽灵般的迷雾中。一个名叫莱卡德的士兵掉队了，当他追赶战友时，抬头看到了令人恐惧的一幕。他大声喊叫，想阻止战友们，或寻到一个同伴，但一个人也没有！他几乎崩溃，疯狂的喊叫声在山谷中回荡。那几团云徐徐上升，然后缓慢飘向天际。800 多人呢？难道随着那些云朵飘走了吗？

加拿大哈德孙湾有一个几十人的因纽特人部落，1930 年 12 月的一天，皇家骑警乔·拉贝尔又一次走进这个部落，看望这里的居民。拉贝尔和部落关系很好，很熟悉，经常顺道看望他们。然而那天却很异常，大白天整个部落空无一人，一片肃静，寂静得令人发怵。拉贝尔起初没留意，但当看到墙上的来复枪时，立刻意识到不寻常。原来，因纽特人以狩猎为生，枪不离身，比生命还重要。

拉贝尔在村子里大喊，没有一人回答。冰屋外面的炉子上还架着铁锅，食物冻得坚硬，似乎还没来得及吃；小孩们的衣服在地上放着，没人收拾；3 艘渔船孤零零地靠在岸边，部落里形影不离的猎狗僵硬地躺在地上，早饿死几天了。拉贝尔大为惊奇，立刻飞奔警局，加拿大警方出动上百骑警，搜遍了方圆 200 千米的范围，却找不到任何线索。

离奇失踪案不仅只发生在地面，空中也发生过类似事件。视线转到亚洲的菲律宾，1937 年 1 月，一架最新的麦道客机从首都马尼拉飞往 1200 千米外的民答那峨岛。飞机在没有任何异常的情况下，忽然从雷达上失踪。菲律宾出动了上万人在附近海域搜寻失踪的飞机，但没找到任何线索。

1989 年，这架失踪的客机却忽然出现在离马尼拉 1.4 万千米外的新几内亚的一片森林沼泽里，飞机浑身银亮，和刚出厂时一样，毫无伤痕，干净整洁。当调查人员打开舱门时，发现里面的乘客不翼而飞，而保温杯里的咖啡还很烫手，浓香依旧。机舱里还有乘客的香烟，以及飞机失踪当天的报纸，香烟包装和报纸很新鲜，总之，所有的一切就像这架客机刚刚顺利完成了一次飞行。

Part3 第三章

飞机追击UFO惨剧

人类在发现不明飞行物时，通常出于安全考虑，会派飞机对其进行追踪拦截，因此常常导致机毁人亡的惨剧。

1948年1月7日，美国肯塔基州一个空军基地忽然闯进一架飞碟，飞行员曼特尔上尉立即驾机上天追踪，当接近飞碟时，曼特尔向基地报告称："这是一个巨型的金属物体，请求指令。"地面指挥员还没下令，无线电忽然中断，随即飞机坠毁，曼特尔也在这起事故中牺牲。这是历史上第一起因为跟踪飞碟而导致的飞机失事，也是人类首次跟踪追击飞碟。

UFO似乎很喜欢和美国军事基地"闹着玩"。1953年，密歇根州的金罗斯空军基地发现美国和加拿大交界地带的上空有不明飞行物。由于那里是禁飞区，空军不敢懈怠，立刻命令一架F-89式最新战机升空拦截。地面雷达显示，当飞机飞临五大湖上空时，和不明飞行物碰撞后消失。军方紧急到事发区域进行搜救，但没有发现任何飞机残片，也没有找到失事飞行员遗体。

1952年7月9日深夜，上校柯克林正在美国华盛顿军用机场值夜班，突然，他发现雷达的荧光屏上有个奇怪的亮点，正在向华盛顿方向移动，而且光点越来越大。他马上向上级发出警报："华盛顿上空发现不明飞行物，请求战机拦截，这不是演习！"当时是朝鲜战争时期，美苏双方剑拔弩张，明里暗地都在较劲，局势格外紧张，谁也不敢掉以轻心。两分钟后，有两架歼击机升空，直飞目标。夜空中，两架战机的飞行员都看到了令人惊愕的一幕：许多飞碟排成一行行，其中三个飞碟在美国国会上空盘旋。战机朝飞碟飞去，当飞碟进入导弹射程后，飞碟忽然来了个180°转弯，并高速上升。战机根本不可能追击到它们，加上燃油将尽，被迫返航。

知识小链接

世界许多国家的空军都有遭遇过UFO的经历，人类清醒地意识到自己的战斗机和UFO差得太远，因此许多国家规定，当发现UFO，不仅禁止用任何武器向其射击，也不准用机载雷达瞄准或用强光照射UFO。

伊朗也发生过此类事件：1976年9月，两架F-4鬼怪式战斗机和一群UFO相遇，其中一个UFO似乎很调皮，飞到战斗机身旁，毫无顾忌地在它周围绕飞。它有高超的飞行技巧，飞行员怕它对飞机不利，一面跟它周旋，一面悄悄用空空导弹锁定它。当飞行员启动导弹时，发射系统出现故障，只得掉转机头，返回基地。所幸那个UFO“宽宏大量”，没有计较战斗机冒犯无礼，未跟踪前来，否则后果不堪设想。事后两名飞行员证实，战机返回基地时，发射系统的电子装置恢复正常。

澳大利亚也发生过类似惨剧，1978年10月21日，年轻的飞行教练瓦伦蒂奇驾驶着一驾轻型飞机从首都墨尔本出发，飞往300千米外的金岛。刚起飞不久，瓦伦蒂奇发现有一个巨大的金属物体，形状像雪茄，发着明亮的绿光，下方还有4个信号灯，正在飞机上方盘旋。他立刻用无线电向地面报告，地面雷达却没有发现任何异常目标。几秒钟后，一声剧烈的爆炸声从无线电的耳机传来，飞机在雷达屏幕上消失，瓦伦蒂奇和他的飞机神秘地失踪，杳无音信。

Part3 第三章

地光之谜

反对UFO说的科学家们认为，人们看到悬浮在空中的不明飞行物，并非外星人乘坐的宇宙飞船，而是地光现象。

地光在古代文献中有不少记载，通常发生在地震前的几个小时或震后短时间内。其形状不一，千差万别，有闪光、有圆柱体光、有带状光、有片状光等，颜色多种多样，不同时分，不同的空气密度，呈现不同的颜色。低空大气密度高，呈现片状、弧状和带状光，颜色发紫发青；高空大气密度低，呈现柱状、鳞状光，颜色橙黄。早在西汉时期，古人就记载了天空出现

“炽白弧光，其耀如昼”的异象，然后就发生了地震。古代天文学家由此推断，这种炽光是地震预兆，不可不防。

地光的产生往往伴随着强烈的地震，闪耀的同时伴随着沉闷的轰隆隆的声音。1965 年，日本松代地震期间，出现了短暂的地光现象，地震部门拍下了难得的地光照片。70 年代中期，中国辽宁海城地震和唐山大地震前夕，也发生过地光现象。

1975 年 2 月 4 日 18 点，夜幕降临，中国东北地区还未完全天黑，但能见度很低，下班的人们打着手电筒往家赶，汽车亮起前灯，穿梭在马路上。忽然，暗淡的夜空豁然开朗，天空骤亮，似乎周围有无数明亮的电灯同时射向空中。路上的行人看清了道路，屋内也能看见东西。在辽河的一家职工医院，人们看到一片电弧似的白光，时间持续了一分钟，并伴有硫黄燃烧后的臭味；在海城某个招待所，惊奇的人们看到了满天的红光，然后渐渐变成白光。远处传来轰隆隆的响声，声音沉闷，好像来自遥远的天际。正当大家啧啧称奇地欣赏着这难得一见的“景色”，谈论着这是什么现象时，只听一位见多识广的老者大声疾呼：“这是地光！不好，要发生地震！”

众人一惊，纷纷从招待所大楼里跑出来，有的顾不上穿上棉衣，忍受着零下30摄氏度的严寒，穿着单衣慌忙窜出。几分钟后，大地猛地颤抖，果然是地震。

知识小链接

2008年5月12日，四川汶川发生里氏8.2级地震，几千里外的上海都有强烈震感。其实早在地震发生前的2个小时，很多人午饭时留意到了天空中出现了许多的彩光、弧光，这些正是地震前的“地光”。可惜科普不到位，人们认识不够，没有做好预防，灾区伤亡惨重。

国内外有很多科学家研究过“地光”现象，对其产生原因说法不一。大多数研究者认为地光是低空大气的放电现象；有的认为地壳中的岩石中富含石英晶体，从而能产生强烈电场，产生静电效应；也有人认为，红色地光是地下释放的天然气在地表爆炸形成的。

美国地质学家认为，地面产生裂缝时，有一股强劲的剪切力，能将地层岩石上下切开。岩石温度非常高，能产生大量电荷，而热量还能把地表层的水转换为蒸汽，蒸汽中有氢气和氧气。电荷将两种气体点燃，发出亮光，所以人们看到的亮光很像是从地缝里射出的。

一些UFO研究爱好者经常把不明发光体看作飞碟，但一些研究表明，每当出现发光体后，往往伴随着地震发生，因此可以断定，所谓的UFO发光物就是地光现象。

关于地光形成的真正原因，科学界至今仍没有形成统一的解释。这一课题，还需要科学家们继续深入地研究和探索。

第四章 交流文明

世界各地都存在着超文明现象，即一些几千年前甚至几万年前的人类掌握了只有现代人才有的科技，有些甚至现代科技也无能为力。针对这种现象，科学家有两种解释，一是地球上许多令人费解的奇迹是外星人访问地球后留下的痕迹；二是人类文明并非单向发展的，而是周而复始的过程，现代文明之前，地球上曾出现数次史前文明。

Part4 第四章

远古的飞机模型

1903年，美国莱特兄弟发明了飞机，人类首次飞上蓝天。然而，考古学家却发现了几千年前的飞机模型，这是怎么回事？

1973年，智利考古学家在研究南美一处古印加帝国遗址时，发现了几个黄金模型，当工作人员将上面的泥土清理干净时，令所有人大吃一惊：黄金模型全部是现代科技仿制模型！一个是飞机造型，和现代的喷气式飞机一模一样；一个是筒状的东西，和现代火箭很相似；最令人惊讶的是一个宇航员模型，它头戴头盔，身穿宇航服，几乎和现代宇航员装备完全一样。考古学家认为，这些黄金饰品是古印加人制作的，距今至少有2500年的历史。现代人的科技怎么会出现在远古人的脑海里，难道聪明的先民们早已预感到未来的世界？或者当时他们已经能够制造出飞机、火箭，甚至送宇航员上天？

无独有偶，1879年，英国考古学家维斯在埃及的一个古庙遗址内发现了一处浮雕壁画，上面刻着机械飞鸟和圆形飞行物。维斯以为古埃及人是以鸟为图腾，创作了机械鸟。后来人类发明了飞机，人们才意识到，浮雕上刻画的正是飞机，圆形飞行物即现在人眼里的UFO。太令人惊讶了，20世纪初才发明的飞机，怎么会出现在几千年前的古埃及人的壁画中呢？

1898年，意大利考古学家在埃及“帝王谷”发现了一个4000多年前的坟墓，里面埋藏着第19世法老的遗体。在古墓里，他们发现了许多木质模型，已经高度腐朽。当时人们还没有飞机的概念，于是称它们为“木鸟”。后来这些出土物被移交给埃及政府，一直保存在博物馆的仓库里。1969 年，埃及考古学家米沙博士获准进入这个古代遗物仓库，这些“木鸟”时隔 60 多年后重见天日。米沙一眼就看出这些“木鸟”就是滑翔翼飞机！它们呈半人半鸟状，有一对平展的翅膀，垂直的尾翼，平卧的机体，还有水平尾翼等。米沙博士请来航空动力学专家，让他来辨别这些模型的属性。航空专家认为，这完全就是现代滑翔翼飞机的模型，它所有的部件都符合空气动力学，毫不夸张地说，只要给这个东西装上引擎，它会立刻飞上天。

1971 年，一个由考古学家、空气动力专家、航空史学家和飞行员组成的鉴定委员会开始对“飞鸟”进行研究。鉴定结果显示，它具有现代飞机的所有特性，机翼和机尾的设计充分考虑了空气动力学，每个尺寸比例都经过严密测算，十分合理，甚至具有反角和反上的特点，能使飞机获得巨大的升力。专家们最终认为，这绝非法老的玩具，而是古埃及人智慧的结晶，是最后的成品。

知识小链接

在埃及金字塔里还发现一个令人费解的事物：考古学家在一个男童的木乃伊身上，发现了一颗人造心脏。现代心脏移植手术不过才十几年，人造心脏现在仍不能实现，5000 年前的古埃及人是如何做心脏移植的？他们真的能制造心脏吗？

南美黄金飞机和古埃及“飞鸟”模型之间有什么联系？难道埃及人曾驾驶飞机飞越了浩瀚的大西洋，到达了南美大陆？既然远古人早已掌握了飞机设计原理，为何几千年来人类从未实现过飞行？他们真的有能力制造飞机吗？飞机采用什么燃料？若不能合理地解释这些谜团，只能归功于外星人了。一些热衷 UFO 的研究者认为，黄金飞机和古埃及“飞鸟”正是外星人造访地球的证据。

Part4 第四章

托素湖"水利工程"

托素湖位于青海省德令哈市西南60千米，周围是人迹罕至的沙漠，这里神秘的"水利工程"令所有人迷惑不解。

"托素"是蒙古语，意思是"酥油湖"，藏语中是"长水草的地方"。托素湖是著名的内陆咸水湖，终年的暴晒和少量的降雨使其含盐量很高。春夏气温较高，湖水蒸发量很大；秋冬季干燥多风，动植物无法生长，因此托素湖面积虽大，但没有鱼虾。实际上，科学家断定，这片戈壁滩形成于1000万年前，从未有过人类在此生存。

1996年，两名作家在柴达木盆地采风，在托素湖附近的山岩洞里发现了无数个铁管状的东西，交错的"管子"像蜘蛛网一样，有的直通湖底，有的深入洞底，也有的通往地下。

这些管状物是什么人建造的？建造的目的何在？什么时候建的？一连串的问题困扰着两位作家。

随后，青海省地质和考古专家赶到了现场，湖周围是连绵起伏的小山包，光秃秃的，没有一草一木，了无生机。专家进入那三个自然洞，洞内没有一丝人工雕琢过的痕迹，在洞内两壁2米高的地方，有几根粗壮的管状东西，穿过坚硬的岩石，直通

山坡。两洞间也有许多管状物通向上方，一直延伸到洞外，深入湖底。

这些管子造型各异，有粗有细，细者直径1~2厘米，粗的有50厘米，管子毫无规则地分布在1平方千米的湖边。站在山包上俯视，这些管子好像毛细血管，正在源源不断地向湖底注入，或正在吸水，怎么看都像是一个设计精巧的“水利工程”。

经过考察，专家们发现这些管子是金属化合物，其中氧化铁的含量30%~50%，这是铁管子被腐蚀后最普遍的现象；还有7%~8%的不知名的金属物质，化学家推测，正是这些不知名的微量金属使这些铁管子推迟氧化，经久耐用。专家通过技术手段测定这些严重氧化的“铁管子”至少存在几万年了。

几万年前还是原始社会，那时的人类刚学会使用石器，怎么会掌握如此深奥的化学知识？距这片戈壁滩最近的地区，直到3000年前才有人类活动，最早的政权是吐谷浑部落建立的楼兰国，距今也不过2000多年。就算吐谷浑有高超的建筑师，也不可能建造这么浩大的“水利工程”，同时期的大汉王朝也没有此能力。这里根本不适合农作物生长，在荒漠中建造“水利工程”的目的是什么？难道是出于对宗教的狂热信仰？

地质学家首先排除了自然现象，没有任何证据表明是大自然鬼斧神工的杰作，实际上全世界范围内也不存在这种天然的、多如牛毛的管状物；考古

学家排除了是古代人类的创举，但不排除拥有高级文明的史前人类。

有人认为，这是地外文明建造的，只有外星人能在几万年前就有建造浩大工程的能力。他们实地查看该地后认为，这里在数万年前是外星人的基地，从埋置的管子深度来看，或许他们还在此生活过很长时间。外星人为什么会选择这里呢？他们建造“水利工程”的目的是什么？是生活用水还是为飞船加注？外星人难道能直接饮用咸水吗？或他们掌握咸水淡化技术？种种谜团，无一答案。

对于托素湖神秘“水利工程”的任何说法和猜测，有一点毋庸置疑，即以上种种说法，必须有强有力的证据和科学严谨的分析，否则任何观点都是主观臆测，不足为信。我们只有寄希望于科技的进一步发展，借助科学的力量最终揭开托素湖的奥秘。

Part4 第四章

南美万里隧道

17 世纪初，西班牙殖民者进入神秘的南美大陆，一位传教士在危地马拉的密林中发现了一个隧道入口。

1942 年，美国著名考古学家拉姆夫妇受到美国总统罗斯福的秘密接待，他们用一下午时间向总统介绍了南美地下隧道情况。原来，早在一年前，拉姆夫妇奉总统之命，去寻找传说中的南美地下长廊。拉姆回忆说："我们在一个当地向导带领下，在穿过一个印第安人聚集区时被包围。他们皮肤是罕见的蓝色，见有陌生人闯进，满怀敌意，手持锋利的长矛怒目而视，警示我们离开此地。向导和印第安酋长搭话，缓和了气氛，消除了印第安人的敌意。酋长告诉我们，他是古玛雅人后裔，世代居住在几乎与世隔绝的丛林，守护着祖先的圣地，谁也不准进入。"

"印第安人所称的圣地即一个神秘的隧道入口，它位于山脚下，周围是茂密的灌木和树藤，若无专人带领，根本就找不到入口。据悉，这些隧道位于地下 200 米处，通向南北美洲任何地方，有的则位于安第斯山脉正下方，蜿蜒盘旋，不知有多长。"

其实早在 17 世纪时，就有西班牙传教士在南美各地发现过神秘的隧道入口，也有人进入隧道一探究竟。但没有一个人能走到隧道尽头，在里面没有发现过一个活着的人。1617 年，传教士圣·安东尼进入了危地马拉的一个隧道入口，这条隧道的长度令人惊讶，他走了几次都没有走到头，后来只得放弃，不过他断言这条隧道至少有几十英里长。他显然低估了地下长廊的长度，现代的研究者发现，位于危地马拉的那条隧道长度440千米，横穿整个国家！

一位犹太人在危地马拉西部也发现了一个入口，他研究后发现隧道通往北方的墨西哥。墨西哥属北美，而危地马拉属南美，这条隧道竟然纵跨美洲大陆。还有人在古印加帝国旧都库斯科发现一条地下长廊，沿着安第斯山脉，南通玻利维亚，北达智利首都利马，连绵数千千米。直到20世纪60年代，秘鲁政府为了保护历史遗迹，将隧道入口封堵，等待科技足够发达，再进行科考。

知识小链接

“地鼠人”是指一种类似于老鼠，外形似人类的动物。1994年，墨西哥城市政当局在施工时，无意中挖到了一个污水管，压死了3只不知名的人形动物，它们身高约90厘米，有锐利的前爪，浑身油光，善于挖洞钻穴，生物学家称它们为“地鼠人”。然而更多的人认为这是一场骗局，根本不存在什么“地鼠人”。

1965年，阿根廷古人类学家胡安·莫瑞斯在厄瓜多尔境内发现了一条

深不可测的隧道，从中发现了数量惊人的黄金制品，有金项链、王冠、权杖和各种精美陶器，墙壁上还有恐龙石刻。当人们看到这些精致的文物时，不敢相信它们居然来自地下。更令人啧啧称奇的是，这些黄金制品有很多是飞机模型、地球仪、宇航员雕塑等。其中有一本黄金箔制成的书籍，最引人注目，该书长 96 厘米，宽 48 厘米，上面是奇怪的文字和符号，语言学家也无法读懂。

胡安调查隧道后得出结论，这条位于地下 240 米的长廊设计极为复杂，建造工艺十分特别，纵贯美洲大陆，长度超过 4000 千米，工程量难以想象地浩大，毋庸置疑属史前文明。

胡安认为，从隧道的挖掘技巧上看，厄瓜多尔、危地马拉、智利和墨西哥等地的地下长廊十分相似，因此可以断定这些隧道是相通的，总长度是多少，是否通向南极洲，或与其他大陆相通，一切都是未知数。

胡安的发现再次震惊了世界，科学界在猜测，是什么人挖掘了地下万里长廊，从隧道的高度来判断，这些史前人类身高不超过 1.4 米，或爬行走路；从一些贮水隧道来看，这些人能像两栖动物一样，长时间栖身水里；从长期

生活在黑暗的隧道来看，他们的眼睛早已退化，或具有夜视能力；从一些遗骨判断，隧道建成于6000~11,000年前。

是什么人挖掘了规模如此庞大的地下长廊？他们真的见过恐龙吗？他们又是如何预知到飞机和宇航员的？南美多降水，多暴雨，这么长的隧道难道不怕被水淹吗？这么深的地下建筑难道不怕地震吗？隧道和外星人有关系吗？是否真的存在“地鼠人”？所有的谜团考验着人类的智慧和认知，看上去都是无解之谜。

Part4 第四章

神秘的玛雅文化

自从哥伦布发现美洲大陆后，南美洲土著人就遭受了灭顶之灾，贪婪的殖民者烧杀抢掠，将玛雅人和玛雅文化从地球上抹去了。

16世纪中叶，西班牙殖民者踏入了南美大陆，这里金光灿烂的黄金激起了他们的贪欲。西班牙人惊讶地发现，这片大陆到处是黄金白银和一群“落后无知”的野蛮人。令欲壑难填的殖民者惊叹的还有玛雅人的智慧。

现存的玛雅遗迹中最有名的当属玛雅金字塔，它与埃及金字塔一样，也是由巨石砌成，构造精巧，气势恢宏，塔身四面正对着东、西、南、北四个方向，塔底座近似于正方形。研究者发现，看似平常的金字塔处处流露着与

天文学相关的痕迹，比如金字塔的南方有个气流通道，通过它正好可以看见夜空中最亮的天狼星，通过北面的通道，则可看到北极星；塔周围的4座楼梯，有91层，共计364层，加上顶端的一个石阶，正好365层；塔身4面各有52个浮雕，标志玛雅太阳历中的一个纪是52年。

知识小链接

什么是太阳纪？依照玛雅人的立法，他们将地球自始至终划分为5个太阳纪，代表着5次天地浩劫，其中4个已经过去。每个太阳纪5125年，2012年即第5125年，因此有些人认为2012年12月20日为世界末日。但玛雅人酋长从未承认过世界末日，认为那只是标志着人类进入一个崭新的纪元。

玛雅人关于史前文明也有令人惊奇的解释，比如他们称人类现在所处的是第五太阳纪，此前已经经历了4个太阳纪。其中第四个太阳纪即亚特兰蒂斯文明，玛雅人认为是核战争毁灭了距今9000多年前的史前文明，这与欧洲发现的11,000年前的亚特兰蒂斯遗迹正好吻合。万里之遥的玛雅人从未离开过南美丛林，他们是如何知道在世界的另一端曾出现过亚特兰蒂斯文明呢？又会怎么知道“核”的概念，要知道原子理论不过才200多年，核武器产生不过才60多年。

玛雅人曾将这些神奇的知识用本民族的语言记载了下来，但在西班牙和葡萄牙300多年的殖民时期，邪恶的殖民者为了摧毁被奴役者的意志和反抗

精神，无情地举起屠刀，将几百万玛雅人屠杀殆尽，玛雅人几千年间积累的文化被西方人蔑视为“野蛮文化”，各类史册付之一炬。世代生活在南美的玛雅人就这样从地球上消失，现代人再也无法查实玛雅人的智慧。人们在痛恨殖民者的残暴，指责他们实行种族灭绝时，无不为消失的玛雅文明感到惋惜！

有人认为玛雅人可能是外星人后裔，是外星人教授了他们深奥的天文知识，拥有了无与伦比的计算能力。因为没有人能提供相关证据，无法给出合理的解释，这一说法并未引起严谨的科学家们的重视。

玛雅人拥有的天文、历法、数学等知识让现代人都自叹弗如，他们可以信手画出月亮背后的图案当作神庙门的装饰；他们可以轻易计算出行星运行的轨道和预知“日食”“月食”的发生……玛雅人同样还有很多令人费解的谜团，如此发达的文明居然只停留在石器时代，而没有进入青铜器时代；拥有这么高智慧的民族居然不会使用最简单的轮子，不会使用车轮，自然也不会驱使牛马，不会拥有发达的农耕文明。社会学家和科学界费尽心机地去考证，想了一万个理由也猜不出其中原因。

神秘的玛雅人，令人神往，神秘的玛雅文化，令人费解。

Part4 第四章

复活节岛巨人石像

在太平洋东南部有一个面积117平方千米的小岛，小岛充满神秘色彩，而让它闻名世界的则是岛上的巨石头像。

复活节岛位于智利西南部，距智利本土3600千米，在未被发现巨石像之前，这里是无人岛。1722年，荷兰探险家雅格布在东南太平洋航行时，发现了这片陆地，起初他以为像哥伦布一样发现了新大陆，结果上岸后才发现只不过是个海岛。那天正好是复活节，于是雅格布称这个无名小岛为复活节岛。166年后，智利政府接管该岛，恰巧那天也是复活节。

一提起复活节岛，世人就想到那600多尊矗立在岛上几千年甚至上万年的巨人石像。它们造型奇特、雕工精湛、石材之巨，着实令人赞叹，让人着迷。这些石

像一般高7~10米，重达40~90吨，部分石像仅一个帽子就重十几吨。石像均是由整块的褐红色火成岩雕刻而成，看似人物像，却没有腿，全是半身像。石像外形很抽象，大同小异，大巧不工，像印象派画家笔下的人物。它们的面部表情很丰富，眼睛部分的石材专门用黑曜石凿成，镶嵌着闪光的贝壳，十分传神。它们普遍额头狭长，眼窝深凹，大耳垂肩，嘴巴翘起，双臂贴腹，所有人都表情冷漠地面朝大海，神态非常威严。几百尊石像站成两排，像即将出征的武士，军容整齐，蔚为大观。

面对这些硕大的巨人像，所有人啧啧称奇的同时，不禁冒出一串串疑问：巨石像站在岛上多少年了？这么高大、笨重的石像是如何被搬到海滨的？一些未完工的石像，遇到什么困难而停工？

考古学家推算，若每天有30个壮年人工作8小时，需要一年才能凿出一个石像。巨石从海边移到山坡，至少需要90人，连续工作2个月，外加3个月才能使石像站起来。令人惊讶的是，石像头上还有十几吨的帽子，帽子的红色石材是开凿于西面几英里外的火山上，建设者们是如何将这么重的帽子放在十几米高的石像头顶的？

岛上原有的居民拉帕努伊人早已逃离该岛，分散在太平洋东南部的许多小岛上，他们的历史里完全没有关于石雕的任何记忆，也不知石像刻着谁。当人们无法解释一些超出人类想象或认知范围内的事物时，往往归咎于超自然现象，

知识小链接

畅销书《上帝的战车》作者艾里希·丹尼肯认为，早在远古时期外星人就造访地球了，古埃及人没有足够的智慧和能力建造金字塔，地球上很多史前奇迹都是外星人的杰作。很多科学家对丹尼肯不屑一顾，认为他的观点纯属伪科学，因为没有证据可以证明这些不是人类的创举。

一些人认为是外星人建造了石像，那些诙谐的、惟妙惟肖的石像以及排列方式隐含了一些重要信息。

英国电视台纪录片《狂野太平洋》声称，石像虽然刻工精密，形状像人，但五官、身材比例和地球人不太相似，谁会下这么大功夫刻好后离开或雕刻好后运到此处？

科学家们反驳道，复活节岛巨石像并非取材于岛外石材，而是来自于岛上一座死火山。建造者用绳索和圆木将巨石运来，只不过工程相当浩繁，建造者们对宗教一定怀着狂热的热忱。科学家们还说，还有很多石像由于自然沉淀，已陷入地下，人们看到的只不过是很少的一部分。科学家最后认为，3000多年前的拉帕努伊人完全有能力雕琢巨石像，它们并非外星人的杰作，而是人类奇迹。

Part4 第四章

岩画中的现代元素

在世界历史上，大多远古民族在形成本民族语言和文字之前，均会经历以岩画或石雕记载自己历史的过程。

岩画和石刻是人类最古老的记载形式，它最初起源于猿人制造石器工具，从而积累了丰富的雕刻、绘画技巧。岩画基本上反映了远古人类的生存境况，时代越久，人类生存状况越原始落后。可当岩画中出现穿着太空服的宇航员、旋转飞翔的直升机和现代潜艇时，人们会怎么想？

1962 年，科学界在意大利罗马召开史前历史研究会，美国宾夕法尼亚大学生物学教授沃克·马歇尔教授向与会者展示了一幅古老的岩画——“火星岩画”。这是 19 世纪初，法国探险家亨利·罗特在非洲撒哈拉沙漠中的一个山洞里发现的。岩画画痕粗劣，轮廓简单，但仍清晰地刻画了一个身穿厚重服装的人，无鼻无嘴，头戴圆盔，怎么看都是一个标准的宇航员。马歇尔教授说，在发现“火星岩画”的塔斯里山脉附近还有上百幅类似的壁画，有空间站，有漂浮的球体、失重状态的人物。

1973 年，有人在美国犹他州的美莲草溪谷发现了一处岩画。科技人员用

碳 14 同位素测定了它的年限，大约诞生于 7500 年前。画中人物巨大，每个人的装束各不相同，有圆形的头部，身上插满各类天线，甚至还有护目镜。最令人惊叹的是，岩画细致入微地表现了仪表盘，看上去是一种智能机器。该地区是古印第安人聚集区，但岩画内容与印第安人的宗教信仰和图腾没有任何关系。同样在意大利的瓦尔科莫，那里的一处岩画大于创作于 12,000 年前，画中也有头戴圆盔，身着厚重衣服的宇航员形象，画中人甚至拿着短棒模样的东西，很像一种工具，似乎宇航员正在维修空间站。

知识小链接

反映未来科技因素的岩画、石刻数不胜数，但都是一些间接证据，也许这些遗迹是人类祖先丰富的想象力，渴望飞天的梦想，抑或是随手涂鸦，创作出来的“印象派”画作，毕竟世界上还从未发现过古代飞行器遗骸，也未发现任何疑似宇航员的遗骸。

在法国的卢萨克，考

古学家发掘出了一些石刻，画中人穿着长袍、皮靴，系着腰带，胡须显然是修剪过的，很像19世纪的欧洲人装束。令人困惑的是，这些石刻是新石器时代的杰作，难道饮毛茹血的猿人甚至预测到了未来人类的装饰？南非的布兰德也发现过类似的石刻，画中人穿着短袖上衣紧身裤，戴着手套，穿着便鞋，手握酒杯，拿着弓箭，似乎在庆祝射箭比赛获胜。这幅壁画也创作于一万年前的史前时期。此类岩画、石刻全世界还有很多，比如尼日利亚的阿伊尔山，蒙古桥洛特山谷，乌兹别克费尔干纳地区等。

我国境内也发现过多个充满未来因素的同类岩画，如贺兰山山洞石刻、新疆天山岩画和古洞壁画、巴颜喀拉山壁画等。

青海巴颜喀拉山曾出现过震惊世界的考古发现。1938年，科学家在山洞中发现了一个外形像极了光盘的石碟，苏联科学家通过研究发现，石碟富含锰、钴，耐高温，曾经历长时间的电子脉冲。当时世上虽然已有了唱片，但还没出现光盘，研究者也不知这是何物。近代，随着数字光盘的问世，人们恍然大悟，这难道是史前人类的光盘？这个石碟已高度化石化，距今已有几万年。在石碟发现的山洞，四壁布满了石刻，石刻不仅准确地标明了太阳和月亮，还标注了几十颗星球的位置。这些石刻形成于12,000年前，远古时期的人们是怎样了解这些天文知识的？

最诡异的当属新疆青河县山洞发现的岩画，岩画中有几个“独目人”，他们两手相连，放置胸前，双脚暴露在外。从外形上看，人物脸上是欢乐的表情，似乎在做腾空飞翔的舞蹈动作。令研究者困惑的是，这是雕刻家的艺术想象，还是真实描写的舞蹈者。联想到古希腊学者在史籍中所描述的“阿尔泰独目人”，科学界大为震惊，难道真的存在“阿尔泰独目人”？他们果真是一只眼吗？

史前岩画和石刻所表达的内容大大超过了人类的想象，也超越了人类的认知范围，若史前人类真的发明过飞机，送过宇航员上天，那么人类笃信百年的达尔文的进化论就是错误的，今天的所有科学定义和物理学理论体系必将推倒重建。

破译杜立巴石碟

杜立巴人的墓穴埋藏着许多身高约138厘米的骷髅，他们有硕大的头颅，瘦小的身躯，墓穴还有数不清的神秘石碟。

1938年，北京大学考古专家齐福泰带领学生在青海省巴颜喀拉山探索，他们在进入一些山洞时，发现这些洞穴和地下的储藏室相连，是人工开凿的。山洞里，还有很多干净的墓穴，里面躺着身高138厘米的矮人。起初一名考古学员认为，这些骷髅是某种未知的大猩猩，并非人类学考古范畴。齐教授批评他说："你什么时候听说过猿类生物会埋葬彼此？"学生脸红，一言不发，再明白不过：只有拥有一定文明的猿类才会埋葬彼此。

山洞里没有铭文，只有数百个直径约30厘米的石碟，这就是著名的杜立巴石碟。后来这些石碟被保存在北京大学，20年间，没有一个人能破解石碟奥秘。

苏联专家希望看到这些碟片，于是有几片被送到了莫斯科。有专家试图用唱机播放石碟，石碟旋转时唱机喇叭发出巨大的轰鸣声，专家由此断定，石碟具有唱片功能，是远古人类的唱片。

1962年，中国学者徐

鸿儒教授深入青藏高原，实地调查所谓的杜立巴人。徐教授根据当地广为流传的传说，经过长时间的钻研，最终破译了石碟上的楔形文字，译文如下：杜立巴人来自云端，他们乘坐着古老的飞船来到此地。飞船着陆时损坏，他们只好藏身山洞。在另外一些石碟上还记录了这些人的悲惨遭遇：附近的人（原始人）以为杜立巴人要抢夺他们的食物和猎物，围攻逃窜的杜立巴人，许多人被石头砸死，幸存者好不容易打消了当地人的敌意。

知识小链接

杜立巴事件被称为中国的“罗斯威尔”，虽然在人证、物证方面都有不足，但很多人仍然坚信，杜立巴人是外星人留在地球上的后裔。作家豪斯多夫相信，还有更多的石碟仍沉睡在山洞中，或许有一天会有惊人的发现，那将是轰动世界的新闻。

杜立巴人是19世纪的欧洲学界对居住在山洞里的西藏人的称呼，他们普遍身材矮小，脑容量比一般人大100毫升，血型独一无二，该部落于1935年被民国政府学者发现，列入西藏事务管理局。对于生存在青藏高原地区的杜立巴人，我们对其一无所知，人种学家称他们为“已消失的古猿”，介于人类和古猿之间。然而古猿是制造不出石碟、石刻和墓穴的。

历史学家在西汉时期的古籍中，找到了关于他们的记载，史料称，杜立巴人在崇山峻岭间着陆后失去了飞船。史学家相信西汉史籍关于杜立巴人的记载是听取了当地人的传言。

Part4 第四章

回到未来

人类从远古走来，将走向未来，今天的我们会是未来的历史。让我们来畅想下，几万年、几十万年后的人类会是怎样的。

在了解了世界各地的史前文明后，让我们把眼光投向宇宙，投向未来世界，畅想下几万年后的人类生活。就像1000多年前的人们无法想象今天的高楼大厦、汽车飞机、轮船潜艇一样，今天的人们也无法想象未来的人们将过着怎样的生活。但科技日新月异，窥一斑而见全豹，我们按照今天的发展速度，畅想下未来世界的样子。

公元10,000年，人类已重新认识了宇宙，有了新的发现，比如空间折叠、四维空间等，通过复杂的计算，人类掌握了太空旅行，能找到通往异域星球的折点，从那里可以轻松到达几万光年之外的星系，充当某个星球的“外星人”。

反重力早已是司空见惯的应用，人类的飞行器将不需要任何燃料，直接利用引力波快速飞行，空中滞留、悬浮将不再是遥不可及的幻想。飞行器足够大，能容下几万人，航程无限远，速度超乎想象，飞抵5500万千米外的火

星只需几分钟，每天飞往火星的航班像公交车一样方便，便宜、快捷、安全。

知识小链接

关于时空穿梭问题，美国阿拉莫斯国家实验室提出过一个悖论：若一个人通过时光机回到了1分钟以前，然后用枪射杀了一分钟前的自己，将会怎样？若杀死了自己，那穿过时空的凶手从哪里来？因此科学家断定，就算达到光速，也只能实现时光减慢，而不会回到从前。

科学家们在爱因斯坦《相对论》的基础上实现了时空旅行，飞行器速度足够快，时间变慢，或者未来人类乘坐的飞船将达到光速，飞到过去的历史，出现在2013年的天空。也许我们在某个地方看到的UFO就是人类的后代乘坐着飞船来看望几千年前的祖先。或许世界各地岩画或石刻中出现的现代科技元素就是他们穿越时空后随意留下的。

随着微电子和人工智能的发展，未来人类将掌握心电感应，不需要语言，直接用脑电波相互沟通。其实，这一技术不需要几千年后，现在就已经有高科技公司在研究了，而且取得了重要进展。各地报告的外星人是大头颅、大眼睛、小嘴巴，以及孱弱的四肢。这不正是人类的进化方向吗？高级智慧让脑容量变大；环境恶化迫使人们不得不研究液体食物，嘴巴有变小趋势；高超的生物技术使人的寿命可达上千年，地球渐渐容不下这么多人，人们开始移民外星球；人类大量地使用机器人，导致四肢不勤，渐渐退化。

或许未来的人们对今天的人类充满好奇，不时飞越时空前来查看。未来国有严格的规定，不准和现在的地球人接触，以改变历史走向，因此他们凭借着未来科技隐匿起来，不和人类见面，但总有调皮者无意中被我们看到，这就是各地发生的所谓 UFO 事件。由于各国科技水平参差不齐，制造工艺和设计理念千差万别，因此产生各种形态各异的飞行器，它们出现在今天的天空，即形形色色的 UFO。

当然人类的飞船也不是百分百安全，也会发生偶然事故，造成机毁人亡。我们现在看到的飞碟坠机事故就是人类子孙来看望地球时，发生了不幸。

以上情景是地球人的畅想，能很好地诠释各种超自然现象和 UFO 事件。没有人知道未来科技会发展到什么程度，或许一些梦想还真有可能实现呢。

Part4 第四章

纳斯卡谷地巨画

世界四大文明古国皆诞生于物阜民丰的地区，可谁又想到在地球的另一端，同样存在着堪与“七大奇迹”媲美的奇观呢？

在南美秘鲁共和国的东南部，有一个名叫纳斯卡的小镇，居住着百十来户人家。他们几百年来一直过着“日出而作，日落而息”的农耕生活。小镇的东面是巍峨的安第斯山脉，在两座山之间有一片广袤的荒漠，面积不足 250 平方千米。这片不毛之地有一层厚厚的黑色沙石，寸草不生，人迹罕至，当地人称之为纳斯卡荒漠，又名“鬼地”。

20 世纪初，秘鲁国家考古队进入纳斯卡荒漠，他们在漫无边际的荒原考察了一个多月，沿途除了沙石还是沙石，没有半点收获。这天傍晚，考古队

员停下休息，一名队员无意间扒开眼前零碎的乱石，惊讶地发现碎石下是一条人工挖成的“沟槽”。他连忙叫醒了昏昏欲睡的队友，大伙立刻来了精神，在附近挖掘起来。这一偶然发现让队员们异常兴奋，意识到将有意想不到的收获。经过几天紧张的清理后，考古队员们被眼前的景象震撼了：沟槽深 0.9 米，宽度不一，延绵几百米，是一幅巨大的地画。

知识小链接

纳斯卡谷地巨幅地画被称为“世界第八大奇迹”，有此美誉的还有秦始皇陵兵马俑、中国万里长城、太行灌溉工程“红旗渠”、迪拜棕榈岛等。

队员们忙碌几天后仍不清楚这幅地画全貌，他们决定乘坐飞机从高空查看。当他们飞过纳斯卡谷地上空时，再次被映入眼帘的景象惊呆了：“沟槽”既不是灌渠，也不是裂沟，而是一幅幅延绵几千米的巨幅画作！这些画的每条线都由挖开了地面的砾石组成，线条平直且规则，有各种丰富的几何图形，每个图形似乎都经过数学家精准的计算。

巨幅地画所表现的是植物、动物和人的形象，令人不解的是，一个人形图案上面的手指只有 4 个，看样子是印第安人脸型。植物的图案大小不一，长几百米，最长的有 5 千米。从高空看，一幅幅画作造型非常逼真，形象惟妙惟肖，好像出自超现实派艺术大师之手。画作中还有一些动物形象，如蜥

蜴、鸭子、鲸鱼、苍鹰、蜘蛛等，其中有只猴子比足球场还大，仅一只手掌就长 12 米，风趣盎然，活灵活现。由于图案面积太大，线条较简洁，因此地面上的人们很难看出是什么造型，但只要乘坐飞机从高空俯瞰，立刻清晰地显现出一幅幅美不胜收、令人心驰神往的巨画。

巨幅地画是什么人创作的？为何要以大地为画布，费这么多精力创作如此巨幅的画？巨画是用来欣赏的还是出自于某种宗教信仰？

数学家保尔·考苏克观察后认为，根据阳光投在一些线条上的影子判断，这些巨幅画作是古印第安人用来判断季节和时辰的天文日历，称得上是世界上最大的历法书；人类社会学家埃克斯比认为，如此大的画作一定与宗教或祭祀有关，了解古印第安人的历史就会知道，他们对宗教的虔诚和对信仰的执着举世闻名，一定是狂热的信仰激励着创作者的热情，并为此付出艰辛的努力；还有一些人认为是古人留下的地图，或者道路标示，或灌溉系统。

作家丹尼肯再次抛出了“外星人智慧”说，他坚持认为这是外星人的跑道。他的理由是，巨大的图像显然不是让地面上的人看的，而是让高空中的人俯瞰的。3000 年前能升到几百米高空的只有外星人。

纳斯卡谷地巨幅地画之谜仍困扰着科学家们，他们无法考证这些巨画的真正用途，也无法解释远古时的人们是如何施工的，又有多少人参与了创作工作。

Part4 第四章

星空电波之谜

1924年8月，太阳系中的火星运行至离地球最近的位置，美国天文学家皮德·特德教授捕捉到了一种来历不明的电波。

当时特德教授乘坐着美国海军军舰，使用的是舰上当时最先进的雷达设备，奇怪的电波间歇地发出“嘟嘟嘟”的声音，电波分析员立刻判断出电波中含有某种未能破解的信息。

“这是什么？难道是外星生命发来的信号？”特德博士很纳闷，对之产生疑问，并开始将研究方向转至外星电波上。但当时科技尚不发达，信息技术很落后，科学家对这些电波一筹莫展，对神秘电波无能为力。

为了和可能存在的外星生命取得联系，苏联在第一颗人造地球卫星上装置了电波跟踪仪，多次接到这类神奇电波。奇异的电波引起了世界各国的兴趣，苏联、美国、英国和法国等国先后组建了相关科研组，对其进行分析，试图破译其中含义。几年后，特德教授当初捕获的神秘电波被科学家成功破译出来。

美国一位参与破译工作的密电专家透露说：“我们相信这是一项伟大的突破，在最先进的计算机帮助下，我们成功破译了宇宙无线电信号，大意是：第12银河系正在发生爆炸，我们处境极为危险，请指引我们通向第四宇宙之路，时间是117.089。”密电专家还说，“显然，这是一种类似求救的呼叫信号，我们研究组还在进行工作，试图找到电波中提到的第四宇宙，以指引他们脱离危险。这些电波是5万年前发出的，或许时间更久。”

令科学家迷惑的是，第四宇宙是哪？地球人的认知里根本没这个概念；第12银河系又位于哪里？银河系直径至少10万光年，人类去哪里找12银河系？117.089是5万年前的时间，现在的时间是什么，这种计时是如何计算的？显然人类科技对其一无所知，对来自宇宙的呼救信号爱莫能助，只能担忧着外星人的命运。

知识小链接

射电望远镜是专门研究宇宙空间的设备，与光学望远镜不同的是，它既没有目镜、物镜，也没有高高耸立的镜筒，它由天线和接收系统组成。最显著的是它巨大的天线，面积超过4个足球场，主要作用是收集宇宙间微弱的电波信号，经放大、分离后用计算机记录下来，供科学家研究分析。

澳大利亚科学家在研究与外星人联系方面，做出了不懈努力。他们认为，宇宙中并非只有地球人，我们并不孤独。外星文明早已在几百年前甚至几万年前就向地球发送过信息，而人类发明宇宙信号接收系统不过60年，专业的射电望远镜才30年，对方发送的方向也未必准确，因此人类错过了很多宇宙电波。

20世纪60年代，美国在波多黎各架设了巨型射电望远镜，刚开启后几个小时，就收听到了许多高频率的电波，与1924年特德教授接收到的信号很相似，是什么人在几十年间连续不断地向宇宙发送电波信号？

第五章 探寻之路

茫茫太空，浩瀚宇宙，在地球之外的空间里，究竟有没有异域生命，有没有与地球人相似的智慧生物，人类是孤独的吗？随着空间科技的飞速发展，人们对地外生命的兴趣越来越强烈，越来越热衷于寻找外星人。斯蒂芬·霍金的警告令人毛骨悚然，他认为外星人肯定存在，但人类应避免与其接触。星域间文明的冲突将不可避免，能穿越几百甚至几万光年来到地球的外星人拥有的科技绝非人类可比。

Part5 第五章

"礼炮六号"与飞碟

对万物的好奇是人类文明进步的阶梯，对地球外层空间的好奇则是人类探寻外星人的最初动力。

古代的人们对雷电充满恐惧，于是想方设法去探索，去了解，最终认识了雷电，解释了这一自然现象；人类为了明白自己从哪里来，对生物进行了艰苦的探索，最终发现了进化论，为生命起源找到了合理解释；为了了解月球，人类发射了"阿波罗"……对未知事物的好奇促进着文明的进步，也是人类探寻地外生命的最大动力。

科学家们推测，宇宙中、银河系应存在许多外星生命，很多已经拥有远超地球的文明，世界各地相继发现的UFO事件就是最有力的证明。若民间目击证人的离奇事件不足为信，那么作为宇航员的经历可信吗？

1981年5月14日，"礼炮六号"正在预设轨道飞行，宇航员维克托和弗拉基米尔发现窗外有个来历不明的碟形飞船。最初两者相距不到 1000 米，维克托立刻用摄像机将它拍摄下来，两人猜测，这很可能是一架来自外星的飞船。

知识小链接

20 世纪 30 年代德国拥有强大的工业实力，加上元首希特勒近乎疯狂的想法，发动了侵略战争。有"天才的蠢货"称号的希特勒甚至制订了详尽的太空侵略计划，企图让"优秀"的雅利安人实现对宇宙的统治。

5 月 15 日，飞碟又接近了 100 米，宇航员完全看清楚了飞碟上的一切：里面坐着 3 个人，他们大脑袋、蓝眼睛、褐色皮肤。几个小时后，飞碟距离"礼炮六号"更近了，不到 30 米。外层空间是真空，不存在空气遮挡，宇航员可以仔细地观察这些外星人，两人发现外星人面部僵硬，没有任何表情，好像是一种生物机器人。

弗拉基米尔隔着轨道舱的舷窗向外星人展示了飞行星图，外星人也拿出了自己的星图给宇航员看。两人惊讶地发现，外星人的星图中还有太阳

系，远比地球人的星图更精密，更详细。维克托情不自禁地伸出大拇指以示钦佩，外星人学着他的样子，也做了个动作表示回敬。弗拉基米尔大喜：外星人熟悉人类的表达方式，他立刻用信号灯发出联络信号，试图和外星人交流，但这次并未接到任何回音。弗拉基米尔忽然意识到，地球人的信号系统和外星人完全不一样，应换一种更通用的数字信号。果然，当宇航员发出数字信号时，飞碟也用电码向轨道舱发出回音。双方你来我往，用数码电报机进行了两个多小时的隔空对话。

对于这段历史，一些人认为这是苏联解体后某些别有用心的人秘密炮制的骗局；而一些研究者看了两者的电报信息，相信这的确是人类首次和外星人沟通时的对话。

Part5 第五章

多方探索外星人

随着科技的进步，尤其是信息技术与计算机技术的发展，人类开始借助大型计算机和射电望远镜来探索地外文明。

早在20世纪70年代，美国官方曾进行过数次“星际广播”，1974年11月，天文学家德雷克用直径为305米的超大射电望远镜向距离地球2.4万光年的M13星座发射了一组信号，含有1679个字节，长度仅为3分钟，包括了太阳系在银河系中的位置、人类的基因组和形象。

苏联曾在乌克兰境内的克里米亚半岛建立了天文台，那里有个直径70米的大型射电望远镜。苏联解体后，该天文台资金匮乏，几乎无法正常运转。为了筹集资金，乌克兰将其租借给了美国一家名叫“相遇2001”的高科技公司，该公司主要从事星际探索和天文发现之类的业务。1999年5月24日，“相遇2001”借助射电望远镜，朝着4颗距离地球50~70光年的类太阳星系发射了一组无线电信号，这是民间团体首次为了寻找外星人而有意识地进行“星际

广播”。

相比25年前德雷克发送的射电信号，“相遇2001”的信号更丰富，频率更高，达到5010赫兹，包含40万BT的字节，信号强度是电视广播的10万倍，传播距离更远，更利于外星生命捕捉到。这组信号包含了几何学、数学、DNA图谱和太阳系等资料，在3个小时内反复发射了3遍。

所有这些资料皆用计算机二进制语言编写，科学家们相信，数字是宇宙间通用语言，稍微掌握一点科技的外星人一定会轻易破解其中含义。如果这些信号真的会被外星人截获，他们将了解地球在太阳系的位置，以及主宰地球的智慧生命体等相关信息。

知识小链接

中国人在探寻宇宙奥秘的过程中从未落后，早在西周时期就有专门负责查看天象的“星官”，汉朝建立观星台，隋唐后设立“司天监”。中国古代还涌现出许多杰出的天文学家，如远古时的羲和，春秋时期的甘德、石申，汉朝时的张衡、王贞仪，南北朝的祖冲之，唐朝时的李淳风、张燧等。

90年代末，美国和多国合作，在全球范围内建立了多个射电望远镜，并统一配备高性能计算机，实现互联互通，只要任何一个射电望远镜捕获了宇宙信号，全球都会参与到破解工作中。科学家们希望通过全球合作，借助高科技计算机，搜集、破译宇宙电波，从中发现外星生命存在的证据。此外，“相遇2001”公司联合多国航天、生物、信息和物理学领域的专家，计划于未来发射一艘小型飞船。飞船会携带更多人类和太阳系信息，将在宇宙中长期漂流，直到某天被外星人截获，收到地球人从远方发来的问候。

收集宇宙信号将是艰苦而漫长的过程，这好比电话的两头，对方几百年也不说一句话，而地球人得每分每秒守在电话旁，认真地聆听。最重要的是，电话那头真的有人吗，会使用“电话吗”？这是个有趣的、耐人寻味的问题，也是让人乐观不起来的最主要原因。

Part5 第五章

太阳系诸行星

自从人类认识了太阳系和宇宙，意识到其他类地行星也可能存在生命后，探索地外文明的活动就开始了。

战国时期的伟大诗人屈原说过“路漫漫其修远兮，吾将上下而求索”，可以想象人类在探索外星人的道路上，必将经历一番波折和艰辛，将是一条异常漫长的过程。探寻外星人究竟有多难？美国国家天文台负责人、著名的天文学家弗兰克·德雷克教授有个形象的比方：“大海捞针是一个比喻，按比例计算，在银河系寻找外星人，其难度是大海捞针的 150 亿倍——这不是夸张，而是精确计算过后的数字。”

德雷克还介绍说，将地球当作银河系的中心，要向周围球状的天穹发送

电波时，至少需要向2000万个方向同时发送，而不是常识中的“四面八方”。尽管如此，科学家依然在担心可能漏过了银河系中的某个角落。

让我们来看看生命的摇篮——太阳系。19世纪时，意大利科学家夏帕勒里观测火星时，首次发现了火星表面的细线结构，他大胆推测，那是火星上的运河。他的观点震惊了学术界，人们普遍相信火星人的智慧远超地球人。百年后，人们才确信火星上根本没有高级生命，更别说火星人了。人们开始将目光转向其他更远的星球。

木星是太阳系里最大的行星，直径是地球的24倍，表面温度高达450℃，上面是厚达上万千米的云层，飘浮着二氧化硫和碳酸气体，根本不可能有生命存在。

水星表面是极为稀薄的气体，几乎没有大气层，当太阳照射时，温度高达400℃，背面温度急降到-200℃。如此严酷的大气环境，怎么可能有生命？美国发射的“水手10号”飞船的考察结果印证了这点。

金星是离太阳最近的第二颗行星，也是离地球最近的一颗，中国古人称之为太白金星或太白。有人认为金星无论从大小还是地质构造上看都是地球的“孪生兄弟”，直径同为6000多千米，体积相仿，质量接近。但两者的自然环境有天壤之别，由于金星离太阳较近，表面温度高达480℃，不存在液态水，大

知识小链接

2009年，人们在一个修道院发现了一幅创作于中世纪的油画。画面上，耶稣被钉在十字架上，他的上方有几个不明飞行物体。经计算机扫描放大后，竟然可以看清里面有两个人在驾驶飞行物。这幅画是否可以证明，早在中世纪外星人就已光临地球，并被人看到？

气压为地球的 90 倍，也不可能有生命。

天王星、海王星和冥王星距离太阳很远，太阳光和热对其无任何作用，表面温度低于 -200℃，表面的冰块比钢铁的硬度还坚硬十倍，它们是不可能存在生命的。

看来太阳系除了地球这棵“独苗”外，别无生命。正是地球独一无二的环境和大气，神奇地产生了生命，进而进化成高级生命体，直至今天的人类。请爱护这颗蓝色的星球吧，这是人类和万物赖以生存的家园，至少在几光年的范围内再也找不到类似地球的星球了。

Part5 第五章

太空漂流瓶

研究者向宇宙发送包含地球信息的电报，电报采用二进制编码方式和特定的频率，人类渴望找到“宇宙兄弟”。

1960年，美国著名的天文学家弗兰克·德雷克负责一个研究项目，领导开展了一个宏伟计划，即“奥茨玛”计划。该计划主要是采用直径为26米的天线，搜集太空中的各类异样电波，然后加以分析，以发现一丝地外文明存在的痕迹。科学家们连续观察了几个月，结果一无所获，美国媒体辛辣地嘲笑该计划，认为政府浪费公款，花费大量纳税人的钱搞一些毫无意义的研究。然而，相对于哗众取宠的媒体，科学家们认为用射电天线

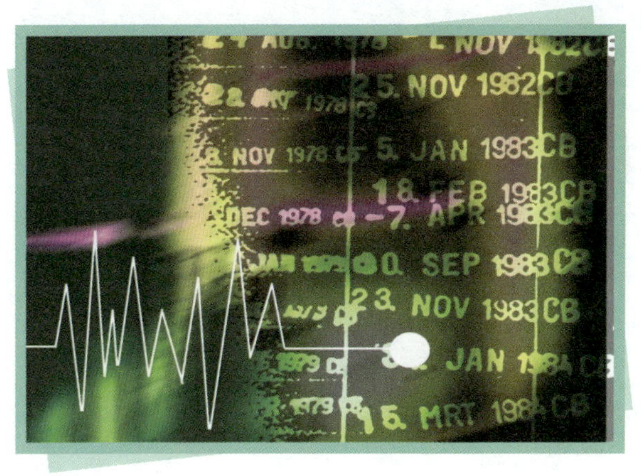

追踪探索外星文明是切实可行的。为此德雷克教授向美国国会解释道："经过计算，把一个单词用波长 3 厘米的微波通过射电天线发射到 1000 光年以外的深空，成本不到 1 美元，这和发射各类探测器的花费形成鲜明对比。"德雷克借此呼吁美国国会，继续支持外星人探索计划，并加大投入在各地建立规模更大的射电天线。

人类向宇宙发射的无线电波包含各种信息，从最初的音乐、文字到现在的 DNA 片段、二进制等，这些电波在宇宙中以光速向深空传播，很像海洋漂流瓶，它承载着地球人的希望和好奇，也携带着对外星人友好的问候。

知识小链接

1977 年 8 月和 9 月，美国相继发射了两个外层星系宇宙探测器，原名分别为"水手 11 号""水手 12 号"。两个探测器沿着不同轨道，负责探测太阳系以外的行星。它们均采用核动力电池，将持续探测到 2025 年。2012 年 8 月，科学家声称，两颗探测器已飞行了 178 亿千米，将进入星际空间。

寻找类地行星

对于有机生命体来说，不能忍受高温，也不能在低温中生存。以人类为例，生存环境温差不能超过 80℃。

构成生命的基本条件除了必要的水、氧气、碳水化合物等因素外，还必须具有适宜的温度和大气压等，几个条件缺一不可。我们可以想象，在银河系至少有 1000 亿颗像太阳这样的恒星，有理由相信，适合生命产生的行星不只有地球一个。

太阳高温高热，不可能存在生命；地球受到太阳的照射，温度不高不低，因此孕育了生命，但地球本身是不会发光的。

牛顿发现了万有引力后，给科学界带来全新的思路：利用天体的运行轨道来推测周围可能存在的行星。人类正是依靠这种方法发现了海王星、冥王星。

科学家在太阳系外发现了 80 多个类地行星，令人沮丧的是，这些行星大多像木星、水星和金星一样，或地表高温高热，或大气极高极低，或引力超轻超重，都不适合生命产生，更别说智慧生命体了。

科技的日新月异使人类有更高级的探测手段，除了“万有引力”，科学家还有很多高科技探测方法。NASA（美国国家航空航天局）曾执行过一个名为“类地行星搜索”的计划，简称“TPF”。即采用“干涉测量法”，使天文学家先观察到距地球几十光年的类地行星。另外还有一项所谓的“多普勒”计划，即利用最新的太空望远镜，通过观察恒星的亮度发生微妙变化，从而推断是否是行星从恒星表面掠过，然后根据飞行轨迹计算行星质量，判断是否是类地行星。

知识小链接

多普勒是奥地利人，是一位杰出的数学家、物理学家和天文学家，他最杰出的贡献是将光学和声学紧密联系起来，发现了“多普勒效应”。该理论是研究声音频率、电磁波等领域的重要依据。

除了以上介绍的探空方法，人类还有很多技术。如氧原子、氢原子、OH^-离子等探测法，这些元素是生命体的重要组成部分，也可以用来判断是否存在地外生命，如二氧化碳和水等，也属关注之列。

正如一个哲学家说的：“地球是人类的摇篮，但人类不能一直待在摇篮里。”已经掌握一定的空间技术、准备随时进入太空的人类必须对宇宙有所了解。因此探寻类地星球，寻找外星文明是一项严肃的科学命题，也是人类必须面对的。

乐观者有一百个理由认为银河系可能存在千万颗类地星球，每个星球上都有智慧生命体，而悲观者有一千个理由认为银河系只存在一个文明星球——地球。

Part5 第五章

探寻外星人进程

开普勒太空望远镜对宇宙进行了细致的扫描，搜集到海量数据，发现了100多个类地行星。这是否意味着，我们不是孤独的？

科学家们相信，宇宙中存在100多万个银河系，当中肯定有很多孕育生命的行星，开普勒望远镜就是负责观察这些行星的，目的是在未来找到适合人类生存的星球。

天文学家比尔巴托夫在英国牛津大学召开的国际合作会议上说：“开普勒已发现了100多个大小类似地球的行星，简直太奇妙了，科学家们正在通力合作，最终找到那个星球。”

比尔巴托夫还说：“生命是一个复杂的化学系统，需要水、氧气、有机食物等，虽然我们发现了100多个类地星球，但还有大量的工作要做，如分析它们的大气压、温度、淡水等，尽可能获知这些星球上是否存在生命体和‘原住民’，相信这将是十分浩繁的工作，需要几代人的努力。”对开普勒的贡献，比尔巴托夫感慨地说，“人类在过去15年发现了500个绕恒星转动的星系，而开普勒短短几周内就已发现了超过100个类地行星，真是难以想象。”

在对宇宙的探索中，美国再次领先世界，NASA宣称，该机构将在未来几年内投入6亿美元，以寻找类地行星。有人猜测，玛雅人的世界末日预言或许是真的，美国正在寻找新的星球。

开普勒太空望远镜即NASA的杰作，是世界上第一个专门用以搜寻类地行星的航天器。专家们估计，开普勒望远镜每年耗资1800万美元，截至目前，开普勒已完成了一系列探测，为人类取得海量数据。

知识小链接

美国科学家使用“图形语言”向武仙座发射了一条简单信息，标示了地球在太阳系的位置，至今仍没收到任何回复。星际之间距离太遥远，若真有回信，也要等若干年。

开普勒虽然发现了很多类地行星，但世人也不必为此感到太过乐观，比如一个已命名的行星“开普勒5b”，虽然它的质量超过木星，是地球的几万倍，但密度却很小。对此，科研组的拉夫林教授称：“开普勒发现的这些类地行星，好比一支足球队，虽然他们看上去都在250~300磅（1磅≈0.45千克）之间，但当你发现一个大个子却只有20磅，定会大吃一惊。”拉夫林教授言外之意是，别看开普勒已经发现了100多个类地行星，若从中挑选一个和地球十分相似、真正适宜人类居住的行星，微乎其微。就像在100多个足球运动员中挑选一个体重和齐达内相等的人，必须强调的是，精确到0.1磅。

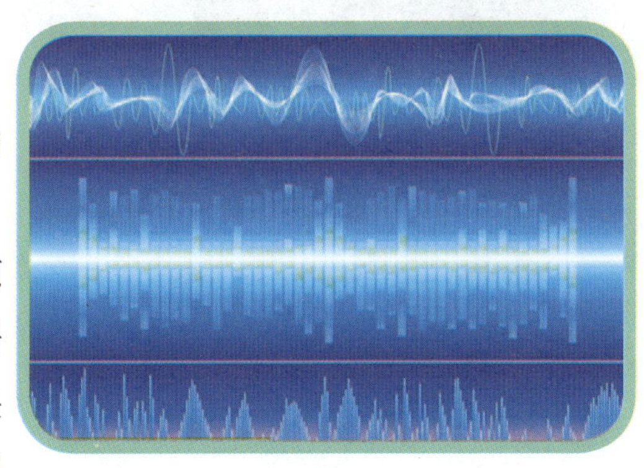

当人类的电波遇到外星人，该如何和他们沟通、交流？人类的语言和思维方式能否被对方理解？是否有一种“星际通用语言”？中国

著名数学家华罗庚认为，越是简单的，越是通用的，人类可以用两个简单的图形和外星人交流，一个是数，一个是数形关系。奥妙无穷的数学将是与外星人沟通的最有效、最可行的方法。

有一点可以确信：不同的文明使用不同的进制，地球人尚且在不同历史时期，使用不同的进制，何况异域外星人。科学家相信，只有自然图形能解释复杂的逻辑，人类应该研究将文字信息汇编成数学图形，对方“看图识字”，才能明白地球人电波的含义。

Part5 第五章

暮年博士的披露

埃德加·米切尔，曾经登陆月球的航天科学博士，他在77岁的暮年向世人透露了一个惊天秘密：NASA隐藏了UFO的存在。

1969年7月，39岁的米切尔博士作为一名航天员，曾驾驶着登月舱助阿姆斯特朗登上了月球。2008年，沉默近40年的米切尔博士首次公开了当年登陆月球的部分秘密：

“现在看来，‘罗斯威尔’事件是真实存在的，宇宙的确存在外星人，NASA对此一清二楚，却不知何故60年来一直向世界隐瞒这个真相。在美国情报系统内部和军方是知道事情真相的，我原来是名飞行员，在那个圈子里也略知一二。1966年，我入选首批登月名单，有幸和伟大的飞行员阿姆斯特朗一起于1969年登上了月球。当时尼尔（阿姆斯特朗的名字）看到了一些特别的东西，他最后几句话是‘上帝，那儿有很多金属制飞碟，它们真的很大，很好看，全待在陨石坑的另一端，正好奇地朝我们望来’。尼尔所看到的大东西是3个直径15~30米的UFO。”

“世界各地的UFO事件早已证明，外星人的确存在，而且多次访问

过地球，天文学家们也在宇宙中发现过有机物，这些都是生命存在的证据。人类并非宇宙中唯一存在的文明体，世界各国应当正视，地球人没必要为此恐慌。”

知识小链接

尼尔·阿姆斯特朗 1930 年出生于俄亥俄州，1955 年获得南加州大学航天科技理学硕士学位，后在美国海军服役。1969 年 7 月，他踏上了月球，并发表了著名的演讲：“这是我个人的一小步，却是人类的一大步。”2012 年 8 月，阿姆斯特朗去世，享年 82 岁。

对于为什么直到暮年才向世人披露外星人的存在，米切尔博士态度鲜明地说：“NASA 那帮官僚通过军方施压，要求所有人保守秘密，并声称这是任务之一。直到后来，我才明白，这并非真正原因，他们是在刻意隐藏 UFO 和外星人存在的事实。我现在已经 78 岁了，完全不用担心安全问题，也不怕那帮家伙对我不利。”

NASA 方面针对媒体的责问，辞令一如既往的密不透风：“NASA 从未隐藏过任何关于 UFO 或外星人的事实，也从未否认过外星生命的存在。NASA 至今一直在研究其他宇宙体可能存在的生命，但不知米切尔博士为何声称亲眼目睹了外星人的飞碟，对此，我们不予苟同。”

“阿波罗”登月到底发现了什么？NASA 还隐藏了哪些不为人所知的秘密？他们掩饰真相的目的何在？一切都像谜一样。

Part5 第五章

奥兹玛计划

奥兹玛是科幻童话《绿野仙踪》里奥兹国女王的名字，奥兹玛计划是人类第一次有目的、有组织地寻找外星人的计划。

1960年，美国天文学家、康奈尔大学教授弗兰克·德雷克使用国家无线电天文台的射电望远镜，向宇宙发射电波信号，以寻找可能存在的外星人，该计划全称是“寻找地外文明计划”，简称SETI。科学家受到广播剧《绿野仙踪》启发，用奥兹国女王的名字来命名，即后来的“奥兹玛”计划。

在对待外星文明是否存在的问题上，科学家们分歧较大。物理学家恩里克·费米经常反问：“若宇宙中真的存在外星生命，我们为什么没有收到他们的信息？”生物学家、进化论研究者厄恩斯特·麦尔说：“地外生命存在的可能性几乎为零，无论宇宙中存在多少颗类地行星，它们都不会躲过宇宙中数次的‘天灾’或伽马射线的侵害。”

古生物学家沃德、天文学家布朗利也认为宇宙中不可能有其他生命，他们在《罕见的地球》中说，地球以外的空间辐射太高，适合生命存在的星球极少。最重要的，宇

宙轰炸——小行星撞击——极为严重，即使有生命存在，也是地表下几十米土壤里深处的类似细菌的微生物，智慧生命体存在的概率为零！

德雷克首先用射电天线向类似太阳的鲸鱼座发射了一系列无线电信号，又向另一个目标波江座发射了一组信号。前者距地球约11.9光年，后者距地球10.7光年。“奥兹玛”计划在最初的3个月时间内，累计监听150小时，结果一无所获，没有收集到任何有价值的信息。

知识小链接

1939年，米高梅公司出品了电影《绿野仙踪》，它讲述了少女罗茜·盖尔被一股龙卷风吹到“奥兹”国，经历种种磨难后又回到家中，感受到亲情的重要。电影充满幻想，瑰丽多彩，老少皆宜，一经推出，立刻风靡全球。

面对各方指责和媒体的嘲笑，弗兰克·德雷克不以为然，他说：“人类任何一项取得伟大进步的发明或发现，都经历过几代人锲而不舍的努力。火车最初的速度还不及马车，照例被无知自大的人嘲笑，今天谁还会愚蠢地认为火车速度不及马车呢？我们现在做的是试探性工作，未来人类还有漫长的路要走。”

虽然“奥兹玛”计划半途而废，无果而终，但并不意味着彻底失败，它标志着人类在探寻外星人的道路上，迈出了坚实的第一步。

第二期奥兹玛计划

“奥兹玛”计划虽然没有取得预料中的成果，但天文学家并未就此放弃。1972年，由美国两所大学牵头，启动了“奥兹玛”二期。

令人心驰神往的宇宙人一直牵动着地球人的心，更为重要的，由于人类过度开发，地球有限的资源濒临枯竭，环境遭到破坏，人类的生存受到严重威胁。面对快速膨胀的人口、日益严重的污染，世界各国唯有联合起来，去地球外寻找其他星球，以获得资源，或移民星球。而天文学家的主要职责就是寻找到类地星球，并分析是否适宜人类居住。

“奥兹玛”一期计划并未取得令人满意的成果，科学家们深信在科学的道路上注定不会一帆风顺，早已预料到了如此结果。1972年，以德雷克为首的天文学家，联合康奈尔大学和哈佛大学，启动了第二次“探星”行动——“奥兹玛”二期计划。以1972年到1975年间，他们先后对太阳系以外、银河系以内的650多个星球进行了科学观察，希望寻找到这样的电波：“你们并不孤独，欢迎加入银河大家庭。”

这当然不是科学家们头脑发热时的异想天开，他们希望借助现有的大型计算机，对收集到的

宇宙信号进行认真细致的排查，以找到某些可能是外星文明发来的信息。工作原理和过程看似简单，工作量实则异常浩繁，就算用上最先进的电脑，但对射电天线收集到的源源不断的信息仍力不从心。

美国人或许是听从了毛主席的教导“人民群众的力量是无穷的”，科学家们决定利用“群众的力量”，号召全球天文爱好者参与到“奥兹玛”二期计划：每位参与者将不定期地获得一组来自宇宙的电波，利用一台互联网电脑，坐在家里对一些宇宙信号进行分析、研究。德雷克说：“银河系至少有2000亿颗恒星，每天收集的信息将是天量的，我们有必要动员一切力量。”

知识小链接

除了“奥兹玛”计划，美国还进行过多次探寻外星生命，例如1985年实施的“米塔”计划；1992年的“凤凰”计划；2009年的“开普勒”计划等。中国也进行过类似的实验，如SKA计划。所有探星计划都获得过重要信息，但尚未发现任何关于宇宙生命存在的证据。

Part5 第五章

克格勃“蓝色文件夹”

2005 年 12 月，俄罗斯情报机构解密了部分克格勃档案，其中最令人关注的是传闻中关于记录 UFO 的“蓝色文件夹”。

虽然俄罗斯官方从未发表过关于 UFO 存在的声明，但有资料显示，原苏联国家安全委员会一直在调查 UFO 或外星人。这是俄罗斯当局首次正式承认 UFO 和外星人的存在。

20 世纪 50 年代起，苏联境内接连发生多起 UFO 目击事件，这引起了军方的高度关注。为了避免引起不必要的恐慌，当局向世人隐瞒了 UFO 真相，但科学家们和军方开始深入调查此类事件。1968 年，苏联空间技术研究院的 13 名工程师联名向部长会议主席柯西金递交了一封信，要求专门成立一个组

织，负责研究UFO。柯西金认真考虑了该建议并最终签字，支持科学家们的提议。附有柯西金签字的密信成了“蓝色文件夹”真实存在的铁证。

知识小链接

克格勃是苏联国家安全局的简称，成立于1954年，是冷战期间苏联著名的情报机构，以高超的间谍技能和反间谍本领著称。某种意义上也是国家权力下的恐怖机构，以国家安全为名制造了许多冤假错案，枉杀很多正义之士。

“蓝色文件夹”显示，早在1970年，苏联科学研究院就联合国防部、安全委、气象局等部门，成立了“UFO研究组”，以研究所有关于UFO的事件，确认其意图，评估对苏联、对地球的态度等。负责保管“蓝色文件夹”的弗拉基米尔说：“当局并非像世人想的那样，对UFO漠不关心，恰恰相反，他们对此问题十分感兴趣，默认了UFO的存在。这和官方的反复声明完全相反。”

以下是“蓝色文件夹”所记录的发生在苏联境内的UFO事件的详细资料：

1989年10月21日，苏联东部的马加丹州有人报告看到一个不明飞行物。目击者声称，他们看到一个闪着橙红色光的球体，在空中持续停留了半个小时。那天晚上，该州的北极光格外明亮，通宵发着前所未有的亮光。

1987年8月，季柯西半岛上的防空兵在雷达上发现一个不明飞行物，正以400千米的时速飞行。苏联的一架米格-8飞机立刻起飞，试图接近这个不明飞行物，但它很快就消失了。而一架正好路过此地的安-12运输机也发现了它，飞行员报告称，他看见一个闪耀着绿光的云团悬浮在空中，当他仔细查看时，忽然飞走了。

1987年8月，西北部城市圣彼得堡发生了一起UFO事件。军区5名官兵接到命令，被派往卡累利阿地区的维堡追踪一个四处游荡的不明飞行物。目睹它的官兵们后来回忆说：“它长14米左右，2.5米高，4米宽，是一个制造十分精致的金属飞行物。”

1989年7月28日，许多UFO飞抵卡普斯京亚尔的空军基地，负责监视雷达的士兵瓦莱力·弗洛惊恐万分，在第一时间拉响了基地警报。所幸那些飞碟并没有袭击地面军事目标，停留几十分钟后忽然消失，留下地面上慌乱的军事人员。

各国研究人员对“蓝色文件夹”很感兴趣，认为其科研价值无法估量。弗拉基米尔最后说：“蓝色文件夹记载了上百起UFO事件，军方都直接参与调查，所有证据都表明，是一种智慧生命驾驶着那些UFO，他们拥有地球人难以企及的高科技。万幸的是，他们对人类并无敌意，至少文件中没有关于UFO袭击人类的记载。”

Part.05 第五章

美国“蓝皮书计划”

二战后美国兴起了一股 UFO 热潮，总统杜鲁门下令中央情报局隐藏一切 UFO 事件。

为了彻查各类不明飞行物和所谓的外星人，总统下令提高保密级别，成立了一支由科学家组成的研究小组，以应对美国可能发生的任何 UFO 事件。这就是著名的“蓝皮书计划”，该计划由国防部牵头，空军负责实施，试图以科学态度对待各类 UFO 事件，满足美国民众的好奇心。

该计划执行几年后，共搜集了 12,618 件不明飞行物事件。项目组官方宣称：“大部分 UFO 报告是误认了各类飞行物或不被理解的自然现象，一部分是谎报，只有约 6% 的事件归类为不明原因。”报告还称，所有的不明飞行物大致都具备以下特性：

1. 速度极快，来去无踪，或突然出现，或突然消失；

2. 具有反重力，能快速垂直上升或下降，可以在无任何动力状态下悬浮、滞空；

3. 产生强烈的电磁力，能无声、无阻碍地移动；

4. 往往伴随着各种颜色的亮光；

5. 四周瞬间产生电磁场，仪

器失灵，无线电中断，汽车熄火，广播、电视信号受到干扰等；

6. 没有惯性，可以呈 90° 甚至 180° 拐弯、折叠飞行。

“蓝皮书计划”将所有档案和数据分成不同机密等级，被送到国家档案管理局。一些可信度较低、被证实是谎报的 UFO 事件被公之于众，一些真实的、可能引起美国民众恐慌的事件则被列为顶级机密，交由科学家研究。

知识小链接

什么是“X 皮书”？各国政府、议会公开发表的涉及政治、经济、文化、外交等重大问题的文件，通常采用白色封面，俗称“白皮书”。各国采用的颜色不尽相同，如红皮书（西班牙）、黄皮书（法国）、绿皮书（意大利）、蓝皮书（美国）等。“X 皮书”一般是由官方制定并颁布、具有一定权威的报告。

20 世纪 90 年代，应民众要求，美国批准公开部分档案，“蓝皮书计划”首次被媒体曝光。令大众失望的是，如此机密的国家档案所记载的只是一些可信度不高的传闻，调查结果无一例外地都否认是 UFO。显然这批被公开的档案级别较低，没有“猛料”。

许多军事专家认为，“蓝皮书计划”的档案和信息多有涂改和删除的信息，就连目击证人的名字也被篡改或用字符代替，由此可知该计划是美国空军为了降低民众对UFO热情，隐藏一些重要信息而设的障眼法。

研究UFO的权威，曾参与“蓝皮书计划”的梅尼克博士说：“军方根据总统的密令，对于任何UFO报告，若很难解释的话，就立即封锁消息，尽量不让媒体接近真相，甚至不惜制造假象。”梅尼克解释说，避免公众情绪激动也是国家安全部门的职责，权力部门慎重对待UFO事件，并非一无是处。

1969年，康顿博士调查过“蓝皮书计划”后做出了《康顿报告》，认为长达20多年的UFO研究是徒劳的，美国没必要再对UFO做进一步的研究。美国政府巴不得让“蓝皮书计划”退出公共视线，于是借坡下驴，于1969年2月终止了“蓝皮书计划”，但相关活动和研究一直持续到1970年1月。

Part5 第五章

民间机构在行动

各国官方均不承认 UFO 存在，渐渐终止了诸多研究计划。一些民间机构自发组织起来，自掏腰包研究 UFO。

从20 世纪 60 年代到 70 年代，美国投入巨资启动了“奥兹玛”计划、“凤凰”计划和“蓝皮书计划”，因为耗资巨大，收获有限，政府迫于压力不得不停止了相关调查研究，但民间对探寻 UFO 和外星人的热情未减，成立了许多机构来研究不明飞行物，“国际斯坦科特”就是最著名、最庞大的 UFO 民间调查机构。

1968 年 7 月，UFO 爱好者雷·斯坦福在天文学家加利·郭德森博士帮助下，自掏腰包成立了“国际斯坦科特”计划。起初，加入该计划的只有少数几位相信宇宙存在智慧生命体的科学家，有生物学教授，有天文学家，有物理学家，也有计算机技术专家。每一位成员都有正当职业，利用业余时间调查研究 UFO。几十年后，该机构渐渐壮大，已具备相当规模，并在美国奥斯汀市的西北郊建了一个大型观测基站。基站周围的山顶布满了各类天线和先进探测仪，放置了许多高科技仪器，如自动报警系统、跟踪雷达、视频采集系统、电磁波分析

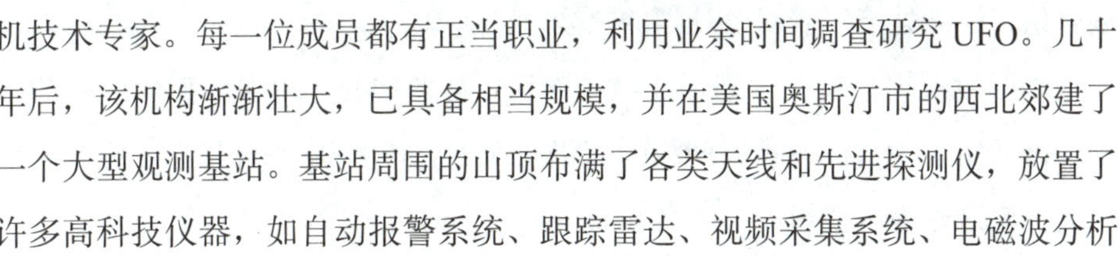

仪、重力仪和微型气压计等。使用这些仪器，研究小组可在 UFO 出现的第一时间，实现对其跟踪、录像，分析周边磁场变化，计算气压等。基地常年由 5 名科学家负责值守，日夜不停地静坐在一台高性能计算机前，守株待兔般地静候 UFO 光临。

知识小链接

1979 年 9 月，中国第一个民间 UFO 研究会在武汉大学成立。1997 年 9 月，该协会解散，仅存在了 18 年。另外国际上还有一些知名的研究 UFO 的民间机构，如美国 UFO 研究基金会、UFO 研究中心、美国空中现象调查委员会、法国星际学会、“夜空光芒”、香港飞碟学会等。

“国际斯坦科特”计划已执行了几十年，耗费过千万美元，资金来源主要为企业赞助、捐款、UFO 爱好者汇款等。很多人对他们的行为表示不理解：一个民间机构耗巨资去研究扑朔迷离的 UFO 和外星人，几十年如一日地坚守，值得吗？针对人们的质疑，计划负责人斯坦福说：“我和我的同事们认为这钱花得值得，科学的进步不是以美元来计算的。只要 UFO 出现一次，我们即可获得大量关于它的资料，人类在研究飞碟方面必将有质的飞跃。我们现在所要做的仍是继续等待，也许访客正在路上。”斯坦福乐观地说：“朋友们，请不要这么短视，或许解开 UFO 和外星人之谜的恰恰是耗资仅千万美元的‘国际斯坦科特’计划。”言语中不仅充满自信，还处处流露着对该计划的热爱。

“国际斯坦科特”计划仍在继续，每年都要把几十万美元撒向浩渺的太空，以斯坦福为首的一帮民间科学家仍在为了寻找 UFO 和外星人而坚守，让我们祝愿这些为了梦想、为了真理而付出一生的先驱者。

地球之音

为了向宇宙中可能存在的外星人传播地球人的友好问候，美国发射了“先驱者 10 号”和“先驱者 11 号”。

美国于 1977 年 8 月和 9 月在卡纳维拉尔角发射了两颗宇宙探测卫星——“先驱者 10 号”和“先驱者 11 号”。为了传达地球人的问候，两个探测器都携带着一张名为“地球之音”的金属唱片。

“地球之音”金唱片直径约 30 厘米，采用合金铜制成，抗辐射、抗氧化，跟它一起的还有一个钻石唱针和一个磁唱头，以及使用特殊的数字语言编写唱机的使用说明。据悉，这张金唱片经过特殊处理，即使在宇宙中飞行十亿年，也不会损坏。

金唱片上有一段时任联合国秘书长瓦尔德海姆的讲话录音，全文如下：

作为联合国秘书长，一个几乎包括地球上几十亿人、127 个国家机构的代表，我谨代表地球人向你们表示敬意。我们走出太阳系进入宇宙，是为了寻找和平和友谊，我们深知地球以及她的全体居民，不过是浩瀚宇宙中极为微小的一部分，正是带着这种美好的愿望，我们发送了该唱机。

金唱片上还有美国时任总统吉米·卡特的电报，全文如下：

这艘飞船是美国制造，地球上有190多个国家、40多亿人，美国是其中一员，拥有人口2.4亿。我们的星球虽然现在分为多个国家，但这些国家正在融为一个单一的文明体。这份电报可保存10亿年，那时，我们的文明将进一步改变，地球也将发生巨大变化。如果你们截获了该电报，请收下我们的礼物——来自遥远星球的信息，它包含我们的形象、科学、声音、情感、音乐和思维，我们在尝试使人类的时代能保存下来，使你们了解我们的情况。我们期待将来能携手解决我们所面临的问题，以加入到银河系的大家庭。“地球之音”是我们对令人敬畏的宇宙发出的良好祝愿。

知识小链接

“先驱者11号”也被翻译成“探路者”“旅行家”“先锋号”等，是美国发射的第二个木星探测器，也是第一个去研究土星的探测器。它拜访过木星后，借助其强大的引力改变轨道，最终飞向土星，在传送回土星数据后，顺着土星轨道逃离了太阳系。

“先驱者11号”飞行了36年，探测器电池在1995年完全失去电力，终止向地球传回数据，但探测器仍以每秒12千米的飞行速度向前挺进。目前它正飞向天鹰座，预计将于400万年后抵达那里。

第51禁区

51禁区是美国最神秘、最隐秘的研究基地，这里占地广阔，戒备森严，外界普遍猜测该区是美国研究飞碟的基地。

内华达州位于美国西部，这里是一片荒漠，四周都是沙子和砾石。正是由于没有支柱产业，没有税收来源，联邦政府特许该州经营赌博业，首府拉斯维加斯就是一座举世闻名的赌城。在拉斯维加斯西北120千米的沙漠，有一片神秘区域，它在军事地图上被编号为51区。后来，这里经常发生一些神秘事件，久而久之，民间有了“神秘51区”的称呼。

早在20世纪40年代，这片区域就被美国军方相中，用来测试各类新式武器。50年代，美国在这里建立核武器实验场，“51区”面积进一步扩大。民众猜疑，这里绝非“新式武器试验场”这么简单，一定有不可告人的秘密。引起民众兴趣的首先是基地的安保，60多年来，51区一直处于军方严密的监管下，他们有一套极为严格的管理措施，使得外人从未得知任何有价值的信息。该区占地约155平方千米，有一条世界上最长的跑道——长度为7093米；这里有很多大型飞机库，顶棚被涂成白色，防止间谍卫星对其拍照；禁区中有特制的空中交通管理天线，方圆40千米内属禁飞区；周围虽然没有铁丝网，但配备了灵敏的红外探测仪，一只麻雀大小的生命体飞入该区也能被监测到；全副武装的警卫24小时不停地巡逻，禁止

一切外来者参观、拍照，甚至会用武力迫使来访者离开。

美国的白宫、五角大楼、CIA总部和NASA等机构已属高机密区，但上述地区的保密措施根本无法与51区相提并论。美国官方反复强调：那里没什么特别的，不过是一个军事基地，是用来试验新式武器和战机的区域，不存在飞碟之类的研究，更没有外星人。

美国媒体显然不相信官方的解释，想尽一切办法试图揭开其神秘面纱，了解基地内幕。一位名叫鲍勃·拉扎尔的美国人在接受电视台采访时说，他曾在51区工作，从事飞碟研究，曾亲眼目睹9个碟形飞行器从该区域起飞，根本没有借助跑道。此言一出，震惊美国，一些早就怀疑51区的UFO爱好者设法潜入该区，试图拍摄下外星人照片，解开51区秘密，但都被安保人员抓住，并被驱逐出来。但有一位声称他曾在1994年潜入过该区，在18号白色机库看到了外星人遗体和各类碟形飞行器。

针对媒体的好奇和无休止的爆料，空军发言人卡勒斯说：“我们承认空军的确在那里有个基地，因为进行着保密的工作，所以安保级别很高。但我想媒体和世界不应该怀疑这里进行着所谓的外星人试验，美国完全有能力依靠自身的科技研制出新式飞机。”

日本一家媒体在拍摄51区地面设施时，曾拍到了一些罕见的发光体，可以清楚地看到有几个像蛇形的发光物在空中摇曳，伴随着刺眼的光柱，忽而停止，忽而飞行，所有看到视频的人无不惊叹：人类还没有制造出能做如此精彩飞行动作的飞行器，而且它和各地传闻中的UFO很相似。它到底是何物，是美国制造的还是来自外层空间，为何会出现在51区？军方至今未做出任何解释。